JN173764

応用物理計測学

練習問題および解答例付

梶谷　剛

アグネ技術センター

はじめに

実験を伴う研究では,「測定」とその「誤差」を考慮した「解釈」は常に研究活動の成否を左右する重要事項である. いかに高価な測定器を使っても, 正しい測定方法とデータの統計処理を誤れば, どんな測定データも単なるガラクタになる. ちょっとした作為があると, どんなガラクタデータも素晴らしい宣伝効果を発揮する. 逆に, 手作りの素朴な測定装置で得た測定値でも, 正しい統計処理を行っているなら, 素晴らしい新知識の基礎になる. 新発見などのデータはそういった素朴な装置から生まれる場合が多い. 実験的計測法を柱とするあらゆる研究にとって,「誤差」の正しい取り扱いこそが研究の質を維持する鍵である.

本書は, 筆者が大学で講じた「応用物理計測学」の講義ノートを纏めたものである.

前半では, 誤差の簡単な処理法を紹介する. 次に誤差の発生確率の分布関数(正規分布, 二項分布および t 分布関数)を取り扱い, 中段では χ^2 乗分布, F 分布および Poisson 分布を紹介している. 後半以降では, 測定法の簡単な紹介と測定系の動的応答, つまり, パルス入力に対する応答, ランプ入力(時間経過によって線形に入力が変化)に対する応答, 周期的変化が入力された場合の応答経過(過渡的応答), 応答関数などについて述べる. 時間依存変化については, 微分方程式を使って考えるが, 微分方程式が Laplace 変換の適用で解きやすくなる. 本書は実践的な知識を紹介するものであり, 演習問題を沢山載せている.

2017 年 2 月

梶谷　剛

目　次

第1章　測定と誤差
(measurement and error)

1.1 測定に必要なもの

最も身近な「測定」は，物差しを使った長さの測定や体重計による測定などである．これらの測定では，測定値として有効な桁数は2ないし，3程度である．確実に0.1 mm程度まで測定できるように(副尺や，ネジなどをつけて)物差しを改良することもできる．物差しである限り，3 mもの物差しは邪魔だし，巻き尺でさえ200 mも計ることができない．

江戸時代末期の測量家，伊能忠敬(1745～1818)は現在のようなレーザー測量器や航空写真を使わずに非常に正確な日本の海岸線の測量図を作り，山の高さを測定している．ちなみに，伊能図の場所的な誤差は0.4%であることが，最近の人工衛星を使った測定から明らかになっている．伊能忠敬の使った距離計は縄と鎖である．短い距離は4メートルほどの物差しで直接測定している．地図全体を通じて誤差が0.4%という奇跡のような測量を可能にしたものが，伊能忠敬の採用した誤差に対する計算法にある．彼らの用いた磁石，水準器，分度器，低倍率の望遠鏡がとりわけ高性能だったわけではない．近所のハードウェアショップで同水準の磁石，水準器，分度器，望遠鏡を購入すると，その値段は纏めて1万円程度である．伊能らは測量開始以来，毎日，昼間は測量し，夕方から夜中にかけて，天体観測をする一方，筆算と算盤を使ってひたすら誤差の計算と距離の修正を行って測定値の精密化を図った．距離を測る縄や鎖の長さの検証も毎日行った．各観測点の列を折れ線として測定し，折れ線の長さと折れ角を測定して，地図上の観測点列を求めている．各点の位置の決定に三角関数表を用いているが，驚くことに彼らは，我々が通常使う平面上の三角関数ではなく，球面上の三角関数を用いていた．この計算には正確な地球の直径が必要になる．伊能忠敬は地球の直径を知っていた．観測点によっては三角測量によってその位置を決めているが，三角測量の基点（目印）となる山の高さと山頂の緯度経度も測定している．

伊能図には緯度と経度の記載があることに読者は気がついているだろうか．方位と緯度の測定には北極星の観測結果と太陽の南中時（太陽が一番高くなる時刻）の太陽の方位と太陽高度を使っている．正確な太陽暦を知っていると，太陽高度の季節変化がわかるので太陽高度から緯度がわかる．正確な時計のない時代，南中時刻は垂直に立てた棒の影の変化から決めた．経度の測定には振り子時計（垂揺球儀）（図1.1）を使っている．あらかじめ京都や江戸にいる同業の者たちに南中時刻と日食や月食の開始・終了時刻を計測してもらう．もちろん旅先でもそれを行う．それぞれの地点で測定した時刻の差から観測点の経度がわかる．この時代，すでに正確な太陽暦がわかっていたので，日食や月食の開始・終了時刻は観測点の緯度経度が与えられれば計算できた．

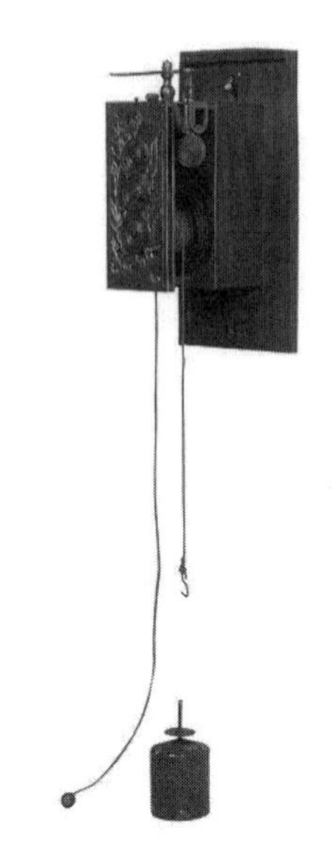

図1.1　垂揺球儀（千葉県香取市伊能忠敬記念館所蔵）

ケプラーの法則を考慮した正確な太陽暦は三代将軍家光の時代に渋川春海（1639〜1715）が中国の元の時代に作られた太陽暦（授時暦，1281年より実施）を修正する形で決定している（冲方 丁著「天地明察」参照）．日本の歴史家は江戸時代の科学レベルを時々誤解しており，高等学校の教科書でも「江戸時代までは太陰暦だった．暦が本当の季節と相当ずれたので，明治になって太陽暦に改めた」等と記していることがある．これは全くの間違いである．イスラム圏から中国・日本までアジアでは1000年以上も前から正確な太陽暦を使っていた．日本では行政上の理由（天皇の権威維持のため）から太陰暦を維持しているように見せかけていただけである．

正確な測定には，超精密な測定装置がある方が良いが，不可欠というわけではなく，使用している測定装置の誤差の範囲が明瞭であり，特定の桁までは信

暦の歴史

暦は自然に囲まれて生活していた古代人にとって，農業の指針でもあり，狩猟の獲物の種類を決める目安にもなる大事なものだった．中米のマヤ文明の育んだマヤ暦は5125.36年を1周期とするもので，ユリウス暦の紀元前3113年9月6日に始まり現代の太陽暦2012年12月21日に第1周期が終わっている．マヤ暦は王朝により多少1年の長さが異なり，1年，Tun，を360日とする場合と閏日を加えて365日とする場合がある．後者の場合，1年に0.24日ずれるので，長年使うと季節感がずれてくる．これと別にマヤ暦には月齢に基く暦もある．日本でも新月の日を1日とし，満月の日を15日とする太陰暦は暦の買えない庶民の役に立つ暦だった．月の満ち欠けの周期は物理的には29.5306日だが，マヤ暦では29.5302日を単位としていた．月の軌道は地球から見て完全な円軌道ではないので，この値は毎年揺らいでいる．マヤ暦は天体観測に基づいて揺らぎも含めて正確に作られている．他の文明との交流の無い人達が独自に作った点が興味深い．

マヤ暦では1ヶ月，Uinalないしは Winal，が20日で構成されており，第1日目は0日，0 kin，で最後の日が19日である．つまり，マヤ暦を作った人達は数学のゼロを知っていたのである．

古代エジプト人も6000年前頃には1年が365.1428日（現在のデータは365.2422日）であると天体観測から結論付けており，その後ローマ人が受け継いだ暦でもこの値を取り入れている．現在使われている暦もその歴史を受け継いでいる．現代の生活が6000年前の天文学者に導かれていると思うと大変愉快である．

正確な時計も精密な天体観測の機器も持たない古代人達が時と場所，（マヤとエジプト），を同じくせずとも地球物理学上の定数を相当な正確性をもって獲得した点に注目すべきである．もうひとつ重要な事は古代人達が数の把握に優れていたことである．エジプトの10進法であれ，バビロニアの60進法であれ，四則演算が正確に行えれば文明史に残る暦を作り出すことができた．

参考文献：http://www.en.wikipedia.org/wiki/Maya_calender
http://www.moonover.jp/bekkan/nania/kyomi.htm

頼できるという保証があることが必要なのである．

長々と伊能図を説明してしまったが，我々は高価な超精密測定装置に頼らずとも工夫次第で正確な測定をすることが可能であり，それだけの技量を持つことは可能である．

1.2 カリキュレータとパソコン

計測をする場合，得られたデータを解析するために，何らかの「計算」が必要になる．私は統計機能のついている科学計算用カリキュレータの購入を勧めている．価格は平成24年現在3000円前後である．パソコンやタブレット端末を高級なカリキュレータとして利用することもできる．統計機能付きカリキュレータによって，最小二乗法による回帰関数の決定や簡単な行列演算ができる．

パソコンにはインターネットから無料でC言語やFORTRANコンパイラーあるいはインタープリター言語（コマンドを入力するとプログラムなしに計算結果が出る）であるPerlやPython（M社のパソコンを買うとサービスプログラムに含まれている）をダウンロードできるので，実行してほしい．さらに，計算結果を図示するためには，マイクロソフト社のEXCEL（エクセル）を利用するかgnuplotという無料ソフトをインストールしてほしい．表計算ソフトのEXCELを使えば，初歩的な統計処理ができるものの，可能な計算の種類に限界がある．出来合いのソフトではなく，C言語やFORTRANなどでプログラミングを行ってデータを整理する独自のプログラムを作ることも大切である．測定には必ず誤差があり，誤差を正しく評価するにはデータの系統的な解析が必要になる．比較的少ないデータに対する統計処理には統計機能付きカリキュレータが使えるが，データが多い場合には計算機が必要である．最近のパソコンの計算機としての機能は極めて高い．大量のデータを的確に整理して評価する技術を獲得してほしい．

1.3 グラフ用紙と色鉛筆

グラフ用紙と色鉛筆は測定という業務を行うための必須アイテムである．実験データは数値として残すべきだが，実験時には，その場でグラフ用紙に直接色鉛筆でプロットする癖をつけてほしい．

高性能測定器やスーパーコンピュータが自由に使える時代になった今でも，グラフ用紙に研究者自らプロットすることが重要であり，測定しているデータに，今，何が起きて，何が起きそうかがわかる大変重要な方法論である．データを漫然とコンピュータに表示したり，蓄積するだけでは，大切な実験のタイミングを逸してしまうことがある．実験では時に数千から数万のデータが出る場合もあるが，何らかの簡単な自動解析後にグラフ用紙に色鉛筆で書き込むべきである．色鉛筆は現在のデータと前のデータを区別するためのものである．プロットでは，なるべく大きな点を打つべきである．グラフ用紙に描く縦軸と横軸は切りのよい数字を採用するべきで，x 軸も y 軸も 0 から始めることが原則である．グラフの枠を越えるような最大値の表示も可能なように余裕のある軸長を取るとか，場合によっては再プロットするなどの工夫も必要である．

1.4 標準偏差

測定を行う場合，初心者はパラメータを変えながら，1回ずつ測定し，測定を終わりにする場合が多い．これは全くの間違いである．パラメータを変えずに複数回測定し，測定結果が安定していることを確認後，さらにパラメータを変えながら複数回測定するのが経験者の測定術である．

1回しか測定しないとすると，統計学的（測定回数を N とすると測定値の自由度が N–1 なので）にはその測定値の誤差は無限大になってしまう．

測定における「誤差」は多くの場合，「間違い」を意味せず，「標準偏差」を意味している．もちろん，測定における間違いには，原点のずれ，尺度の間違い，時間的な揺らぎ，測定する人の癖など，修正可能なものから，修正不可能なものまである．測定値には信頼に足る桁数や絶対値と本質的ではない細かな数字が付随している．

測定値を 52.36±0.04 あるいは 52.36(4) のように書いて，±0.04 を「誤差」と呼んでいる．これは，標準偏差，σ，を意味しており，次の値である．

$$\sigma = \sqrt{\frac{1}{N}\sum_{i=1}^{N}(x_i - \bar{x})^2} \tag{1-1}$$

N は測定値の数，x_i が i 番目の測定値，$\bar{x}$ が平均値である．N は有限の値であり，同じ値が測定されるはずの複数回の測定を行っていることを前提にしている．測定によっては測定ごとにパラメータが違っている場合もある．その場合には標準偏差はパラメータを動かした範囲のデータの従うべき実験式や理論式からのズレである．

この式で計算される標準偏差は測定する回数がかなり多く，かつ測定値のバラツキが少ない場合に成り立つもので，バラツキのある母集団から有限の個数のデータを無作為に取り出した場合にはデータの持つ自由度は N ではなく，$N-1$ になる．従って，実験値の標準偏差すなわち「標本標準偏差」，σ'，は自由度を $N-1$ として計算することになる．

$$\sigma' = \sqrt{\left(\frac{1}{N-1}\right)\sum_{i=1}^{N}(x_i - \bar{x})^2} \tag{1-2}$$

(1-1) 式と (1-2) 式の値は N が 20 以上ではそれほど大きく違わない．

例題

疑似乱数の平均値，標準偏差，標本標準偏差

パソコンを使って 0 から 1 までの疑似乱数を 3 種類用意する．

FORTRAN でも C++ でも 0 から 1 までの一様疑似乱数を組み込み関数 rand() で発生させることができる．

この関数をつかって，0 から 1 までの乱数を 10 個，20 個，および 100 個用意し，その平均値，標準偏差および標本標準偏差を計算する．もちろん平均値の期待値は 0.5 で標準偏差の期待値は

$$\sigma_0 = \sqrt{\frac{1}{0.5}\int_0^{0.5} x^2 dx} = \sqrt{\frac{1}{0.5}\frac{0.5^3}{3}} = 0.2887$$

だが，乱数次第で多少変わる．

試算の結果：サンプル数 10 個，20 個，100 個の場合の平均値，標準偏差，標本標準偏差は下表のようになった．

サンプル数	平均値	標準偏差	標本標準偏差
10	0.4437	0.3098	0.3265
20	0.4670	0.2815	0.2888
100	0.5116	0.2947	0.2962

サンプル数が増えるに従って，平均値も標準偏差も期待値に近づいている．一方標準偏差と標本標準偏差の差はサンプル数が増えるに従って少なくなっていて，サンプル数が 20 個程度までは無視できないが，100 個付近ではほぼ無視できる．

1.5 偏差値

進学クラスで盛んに言われる成績の「偏差値」も測定値の分布を表す指標の一つである．学習成績の偏差値，T_i は，

$$T_i = 10 \times \frac{(x_i - \bar{x})}{\sigma_x} + 50$$

と言う恐ろしく単純な式で計算される値である．σ_x は成績評価対象者全員の成績分布の標準偏差であり，平均点が $\bar{x}$ である．偏差値 70 とは平均点プラス $2\times\sigma_x$ の成績と言う意味になる．成績分布が正規分布ならそれなりに意味があるが，成績評価対象者が少なかったり，成績分布に偏りがあれば，「偏差値」が計算できたとしても，統計的な意味は薄い．もしも，成績分布が正規分布に近い場合，偏差値 70 だと，2.5％領域になるので，50 人のクラスで 1 番になる程度の成績である．

成績評価と偏差値

偏差値の値はどの程度信用できるものだろうか．生徒の成績を毎回日本全国で取って比べていないのに，公平な偏差値が計算できるのか疑問である．学校ごと，問題ごとの補正をしないと，意味のある偏差値にならない．受験産業では受験校（特に中学，高校，中高一貫校など）ごとに入学生の補正値（具体的には平均値の50を境に上位校にプラス，下位校にマイナス，標準偏差も1.0を境にプラスマイナス）を独自に決めている．受験雑誌には各進学校の入学試験合格者の（最低限の）偏差値が書いてあるが，偏差値72等非現実的に高い値のところが多い．余りこの数字に敏感すぎるのもどうかと思われる．

各校の生徒の学業成績は正規分布していない．落ちこぼれグループ，成績上位グループ，その中間にいる少数派と言う分布が普通である．小学校時代は正規分布に近かったかも知れないが，中学，高等学校，大学となるにつれ，格差が拡大して正規分布とは縁遠いものになる．受験産業が勝手に決めている偏差値の補正値に左右されない方が良い．

大学の競争率の高い学部の合格者は偏差値の高い人ばかりだが，入学時にもっとも多いのが合格点すれすれの人達である．クラスの半分位がすれすれに近い．それでも卒業時の成績は正規分布に近くなるようである．就学期間中に成績が下に伸びる場合と，下位の人が努力して上位に移動する場合がある．

1.6 RMSとR_a

「オシロスコープ」による矩形波の測定をすると，図1.2のように見えたはずである．空中には様々な雑音があるので，直流電圧を測定しても，交流の雑音成分が混入する．この雑音成分を評価する単純な方法がある．雑音成分の最大値と最小値を含む平行線を引いて，その間の電圧を測定する．すると，その電圧が雑音成分の標準偏差の4倍，すなわち4σあるいは，$\pm 2\sigma$と評価できる．その理由は誤差が正規分布している場合，$\pm 2\sigma$の範囲に測定値がある確率が95％になることによる．非常に正確な測定法とは言えないが，第1近似として便利な関係である．このように取り敢えずデータの最大値と最小値の差から揺らぎ成分の標準偏差を推定する方法を4σ法と呼んでいる．このσをroot mean square : RMSと呼んでいる．時間的に早く変化するデータの標準偏差を概算評価する場合，4σ法は便利である．

薄膜状の試料を作成して電気的磁気的性質を測定することが多くなっている．この薄膜状の試料の平坦性を評価するときにもRMS値が出てくる．原子間力顕微鏡などを用いて薄膜表面を2次元的にスキャンして凹凸を測定する．その凹凸の高さの平均値の偏差からRMSを計算する．同じように，平均荒さR_aも計算できる．R_aは単位長さあたりの平均高さからのズレ，

$$R_a = \frac{1}{l}\int_0^l \left| f(x) - \bar{f} \right| dx$$

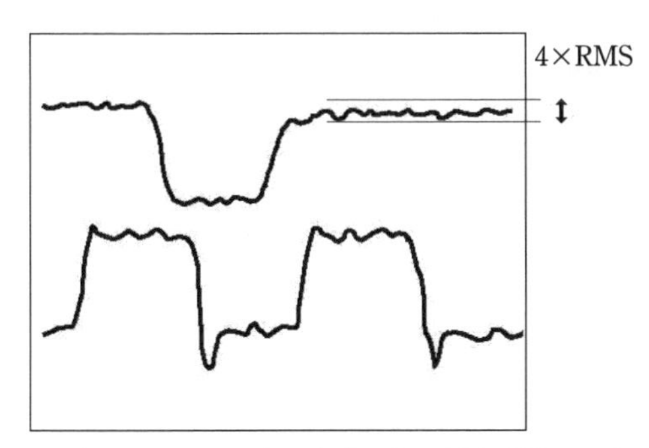

図1.2　オシロスコープの画面にある揺らぎとRMSの推定

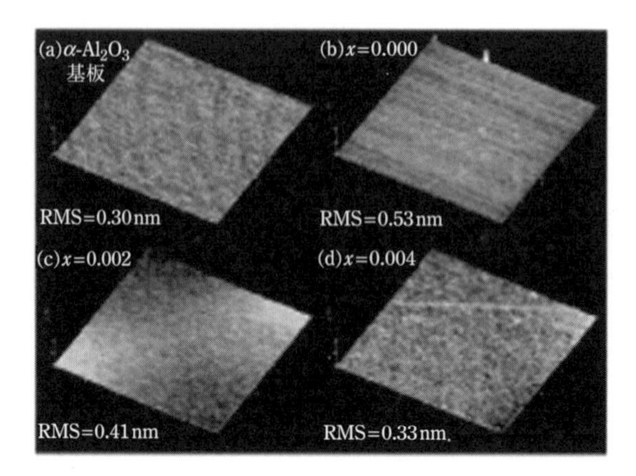

図 1.3　スパッタ法で蒸着したZnOにMgをドープした薄膜のAFM像

である．それぞれの場所の高さを$f(x)$とし，平均値を$\bar{f}$としている．RMSも同様の式，

$$RMS = \sigma = \sqrt{\frac{1}{s}\iint_0^s (f(x,y) - \bar{f})^2 dxdy}$$

から計算する．こちらは，平面内の積分になっている．図1.3はZnOにMgをドープした薄膜試料の原子間力顕微鏡(AFM)像である．一辺10ミクロンの平面の凹凸を示している．図にはRMS値が見えている．写真の例はかなり平坦な場合である．

1.7 偶発誤差と系統誤差

実際の測定では，本質的な誤差も考慮しなくてはならない．例えば，物差しのような単純な測定器でも，物差しの端が摩滅していたり，材質が伸びて目盛りの間隔が少し長くなったり，逆に縮んでいたりする．また，物差しを使う側に読み間違えや，読み癖がある．物差しの材質などに問題がある場合の誤差が「系統誤差(systematic error)」と呼ばれる誤差であり，使い手の癖などによらない継続的な誤差を生む．読み手側の問題で起きる誤差が「偶発誤差 (random error)」と呼ばれるもので，多数の読み手に計測させて，平均値を取れば，消える種類のものである．この偶発誤差が標準偏差に相当している．

物差しの目盛りがずれていると言った系統誤差を含んでいる測定値には意味がないかと言うと，全くそれとは反対に，誤差論をわきまえれば，その値は「大いに意味のある測定値である」と言える．むろん，真の値との差はある．しかし，長さを測定する場合，真の長さと多少問題のある物差しで測った長さとの関係が正しく理解されていれば，その測定値には意味がある．系統誤差を正しく評価することが，本当の測定に先立ってまず必要である．測定装置や測定器具の系統誤差を慎重に評価しておかないと，実際の測定を始めることができない．

系統誤差と偶発誤差を一度に計測する方法もある．それは，詳しい物性値がすでにわかっている試料と実際に測定したい試料を混合して測定することである．既知の試料のことを「標準試料」と呼んでいる．多くの物理・化学測定では，装置に応じて「標準試料」として安定的に使えるものが用意されている．標準試料をつかうことによって，その装置の系統誤差が評価できるので，実際の試料の測定値の補正に使える．いかに高価で信頼できると宣伝されている装置にも系統誤差があり，測定日，測定者，試料ごとに差がでる．

系統誤差が不可避なものの一つにデジタル式電圧電流計（デジボル）がある．これが示す値をそのまま信じる「まともな」研究者はいないはずである．試しに色々なメーカーのデジボルで測定してみるとよい．電圧測定の場合，デジタル式電圧電流計の内側では，測定対象から微少な電流を標準抵抗器に流入させてアースに落としている．標準抵抗器の示す電圧と，ほぼ同じ電圧をデジタル回路で作って，十分に近い値になっているかどうか，比較回路（コンパレータ）で判定する．測定対象の電圧を FET（電界効果型トランジスタ）のゲート電圧に使って，電圧・電流を増幅し，増幅された電圧に対して，アナログ・デジタル (A/D) 変換回路でデジタル値に変換したり，デジタル式電圧発生回路の出力と比較して十分に近い値かどうか判定する．アナログ・デジタル変換回路やデジタル・アナログ変換回路の誤差や限界が問題である．安価な回路だと，変換回路に使っている IC の分解能は 12 bit しかない．12 bit だと 0 から 4096 までしか定義できないので，0から4.096ボルトか，−2.04ボルトから2.04ボルトまでしか測定できない．3桁半の測定精度が限界である．高価な装置でも，事情は似たりよったりで，12 bitの変換器を直列に用いて，見かけ上24 bit，あるいは，36 bitの測定にしている．24 bitの変換器が市場に出てきたのも最近のことである．24 bitで7桁，36 bitでも10桁の性能である．これらの回路は慎重に設計されてはいるが，温度に依存した変化が不可避的にある．回路の駆動電圧電流によっても値が揺らぐ．デジタル値とアナログ値の間にいつも正確な比例関係があるわけでもない．見掛け上デジタルデータが階段的に変化することも頻繁にある．このような場合はデジタル回路に不具合がある．とにかく，測定値の頻繁なプロットが望ましい．

1.8 JIS規格1級

身の回りにある定規の中には，文房具屋さんで売っているものですら，安価なプラスチックのものから，JIS規格1級と書かれたものまである．JISは日本工業規格を意味していて，物差しの場合，1級，2級，特級の3種類がある．30 cm物差しでは，JISの1級だと全長についての誤差が5 μmまで許され，2級では11 μmまで認められる．全長50 mの巻き尺では，全長について，5.2 mmの誤差が許される．プラスチックの物差しをよく見ると，目盛りがあっても単位がない．日本人ならcm単位だと考えるかも知れないが，アメリカ人ならインチ単位だと思うだろう．同じ物差しでも，JIS規格と銘のあるものは，cm単位であると印刷してある．このように，測定装置や道具にも，あらかじめ系統誤差を示した上で販売されているものもある．測定器のマニュアルには，系統誤差が示されているので，是非目を通してほしい．きっとその誤差の大きさに驚くことと思われる．通常のデジタル式電圧計の精度は±(1% of reading +3 digit)のように表示されているので，表示の最大値が1.000 Vなら±1%に相当する±0.01 Vと最後の桁の±0.003 V(表示器の最後の桁の0.001 Vの3倍)が誤差になるので，1.000±0.013 Vと言うことになる．従って，小数点以下3桁以下が読めても意味がない．実験室で見かけるK社の6.5桁ボルトメータだと直流電圧に対して ±0.004％，電気抵抗に対して ±0.013％と説明されている．1.000000 V の場合は，±0.00004 V の誤差なので，表示の最後の桁は読む意味がない．電気抵抗率を測定する場合には，さらに誤差が大きいので，注意が必要である．測定回路系に浮遊電荷があるような一般的な状態では，測定を繰り返した場合，雑音による揺らぎが 0.01％程度なら問題がないが，それ以上だと雑音対策が必要である．

1.9 有効数字

測定値や計算値について，意味のある桁数は限られている．例えば，幼児に年齢を聞くと，たいがい「私は 4 歳！」等と答えてくれる．子供にとっても大人にとっても，年齢は整数部分しか意味がない．仙台－東京間の距離を問われた場合，350 km 余りと答えたらかなり正確で，仙台駅から東京駅まで 351.8 km と答えたとすると，変人扱いされかねない．測定値についても，意味のある部分と誤差があって，表示する意味のない部分がある．例えば，平成 23 年 3 月 11 日の東日本大震災で，牡鹿半島の先端の鮎川港の海底は東に 7.6 m も移動し，東北大学の青葉山キャンパスも東に 1 m 移動し，1.2 cm 沈下している．鮎川港の海底の移動距離を女川町役場からの距離，約 20 km の増減で言う人はいないだろうし，位置の変化を GPS が示す値で言う人もいない．有効桁数とは「測定値」として意味のある部分であり，有効桁の数字以下の数値は必ず四捨五入（丸め）して表示する．

科学計算用のカリキュレータで関数を使って計算するときに，数字がたくさん出てくることがある．試しに，手持ちのカリキュレータや計算機に sin 25° を入れてみると様々な数字が出てくる．S 社は 0.422618261, C 社は 0.4226182617, ST 社は 0.4226182617，パソコンの①は 0.4226183，パソコンの②は 0.422618262 である．用いる機械により，0.422618 以下が違っている．大量の計算を行う計算機は計算速度優先であり，最高精度で計算する場合でも，正負を含めて 64 bit 以内で計算している．多少古い大型計算機は 32 bit が標準だった．従って，繰り返し計算すると，誤差が積み重なることになる．計算機やカリキュレータは便利な道具だが,「正しい答を出す道具」ではない.

1.10 誤差のある引数

カリキュレータが出てきたので，関数の引数に誤差がある場合を考える．例えば，関数 $y=\sin(x)$ の引数 x が $x=0.123(4)$ の場合，y の誤差を求める．y の誤差は関数 y の微分に誤差を掛け合わせて，

$$\left(\frac{\partial y}{\partial x}\right)_{x=0.123}\times 0.004=\cos(0.123)\times 0.004\cong 0.004$$

である．従って，$y=0.002(4)$ になる．

$y=\log_e(x)$

ならば,

$$\left(\frac{\partial y}{\partial x}\right)_{x=0.123}\times 0.004=\frac{1}{0.123}\times 0.004=0.033$$

なので，$y=-2.10(3)$ である．もっと複雑な関数系でも1次微分が可能ならば，簡単に y の誤差を計算できる．

1.11 平均値と標準偏差

電気抵抗測定等の場合と放射線強度測定等の場合，支配的な統計が異なる．以下はアナログ量を比較的簡単な方法で測定するような場合である．

平均値も「標本標準偏差」も測定回数が1回 (N=1) しかない場合は定義できない．「測定」とは同じ条件で，同じものを繰り返し測定することだと理解していただきたい．面倒くさいからと言って複数回の測定をはしょると「標本標準偏差」が無限大になるので測定自体が成り立たない．簡単な測定値のまとめ方は平均値 (実験平均) をとって代表値とすることである．測定値の偶発誤差を (1-2) 式の標本標準偏差から決める．

平均値が 3.6265 で標準偏差が 0.00526 なら測定値は 3.627(5) と書く．3.627 が有効数字で小数点以下3桁が有効桁である．

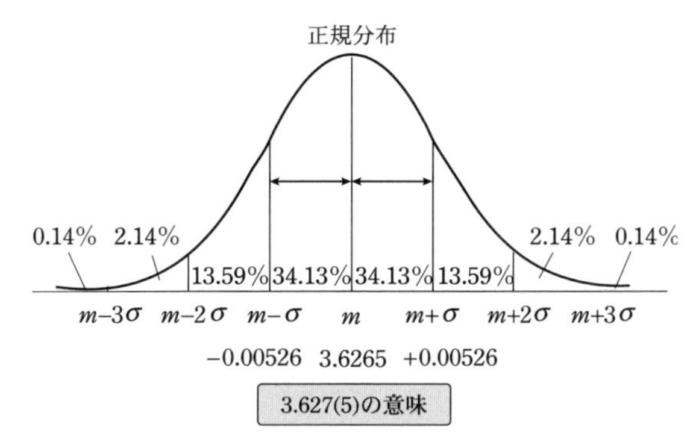

図 1.4　測定値の分布曲線（正規分布）

図1.4は正規分布に従う測定値の仮想的な分布状態を示す．平均値3.6265の$\pm\sigma=\pm0.00526$の内側では分布関数の積分値が全体の68.26％（水平の矢印）になっている．

測定値の数が大きく，「標本標準偏差」と「標準偏差」の差が無視できる場合，標準偏差はRMS（root mean square）と同じ意味になる．データの分布が正規分布に従えば，「誤差」は$\pm1\sigma$領域に対応するので，存在確率は68.26％である．揺らぎの95％をカバーするには，誤差範囲を$\pm2\sigma$領域に広げる必要がある．

最近の実験レポートや卒業研修論文などでも，1回しか測定していないと思しきデータが多く見られるようになって，大変懸念している．外国人留学生にもこの手の間違いを犯す者がいるが，欧米の大学からやってくる大学院生は常に複数回の測定をすべきことを理解しているように見受けられる．わが国の教育レベルを少し見直す必要があるかも知れない．

1.12 ボトムライン

測定装置の系統誤差が大きいが，測定値として最低限この桁（けた）までは信頼できると言う領域がある．その領域をボトムラインと呼んでいる．ボトムラインは統計用語だがわが国では余り使われてこなかったように思われる．

例えば，プラスチックの物差しで測定した場合でも，JIS1級の物差しで測定した場合と同様，5 cm と判定した長さは信頼できるが，5.1 cm だと信頼性に不安があり，5.12 cm だと信用できない．この場合，プラスチックの物差しで測った長さのボトムラインは 5 cm である．最大秤量 100 kg の体重計で測定した体重が 63.1 kg だったとする．JIS1 級の体重計の誤差は最大秤量の 1% なので，1 kg である．従って，この場合のボトムラインは 63 kg である．小数点以下の数字は許容された誤差よりも小さいので意味がない．水平度などに気をつけて体重計を置いても 1% の誤差なので，畳の上に体重計を置いた場合には，さらに誤差が増える．表示が 63.1 kg だった場合でも，ボトムラインは 60 kg 程度（50 から 70 kg の間）である．これでも十分意味のある測定である．ボトムラインがわかれば，例え畳の上の測定でも意味が出てくる．

練習問題

1. 次の a から c の設問に答えよ．
   a. 次の測定値の平均値と標準偏差を求めよ．
      5.62，5.48，5.72，5.60，5.45，5.55，5.50
   b. 3 番目のデータを外して平均値と標準偏差を求めよ．
   c. 上の 2 つの場合，平均値と標準偏差に意味のある差があると言えるか．
2. 6 人の学生が長さ 15 cm のプラスチックの物差しで鉛筆の長さを測ったところ，次のデータを得た．単位は cm だと思ってよい．
   14.2，13.9，14.3，14.0，13.5，13.4
   同じ鉛筆を JIS1 級の印のあるステンレスの物差しで測ったら次のようになった．単位は cm である．
   14.5，14.3，14.2，13.9，14.4，14.1
   次の a から c の設問に答えよ．
   a. 2 つの測定値の平均値と標準偏差を求めよ．
   b. 2 つの測定値に有意の差（標準偏差より大きい差）があるのか答えよ．
   c. プラスチックの 15 cm の物差しで測定する場合の有効桁数．
3. 「容量 10 ml」と書かれた比重測定用ビーカに水を入れて，増加した重さを繰り返し 5 回測定したところ，次のデータを得た．

10.1 g，9.9 g，9.8 g，10.2 g，10.0 g

この比重測定用のビーカで測定できる物体の比重の精度を求めよ．

4. ある食堂ではご飯の分量，大，中，小の 3 種類のものを提供している．ご飯の量は昔から使っている古い秤で 350 g, 250 g, 150 g になるようにしている．この秤に毎日 500 g の基準になる分銅を載せてチェックしている．この 1 週間，分銅は次の値を示した．

501 g，510 g，495 g，492 g，508 g，498 g

この食堂のご飯の量は正しいと言えるのか，ボトムラインと言う言葉を使って説明せよ．

第2章　分布関数
(distribution functions)

2.1 度数分布とパラメータ

統計量として，我々が取り扱うものには，大別して，度数分布（同じパラメータ x_i を持つデータが何個あるか）とパラメータの変化による測定量の変化（y_i の x_i 依存性）とがある．測定量 y_i が複数のパラメータに相関して変化する場合もある．

パラメータが一つだけの場合の度数分布表は次のように与えられる．図 2.1 が度数分布表である．

度数を「統計的な重み」として x の平均値と標準偏差をもとめる．

$$\bar{x} = \frac{1}{110}\sum_{i=1}^{16} x_i \cdot f_i = 17.97$$

$$\sigma = \sqrt{\frac{1}{110}\sum_{i=1}^{16}(x_i - \bar{x})^2 \cdot f_i} = 2.65$$

x	f（度数）	x	f（度数）
10	1	18	17
11	2	19	14
12	0	20	7
13	0	21	9
14	3	22	6
15	10	23	4
16	15	24	2
17	20	25	0
		total	110

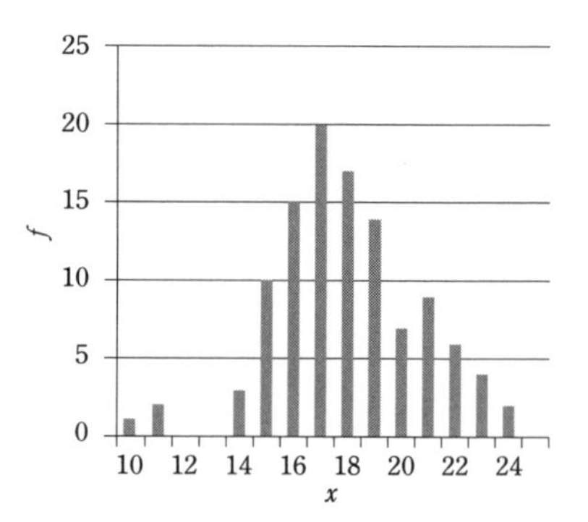

図 2.1　度数分布表

従って，x の平均値は 18 (3) と書くことになる．

2.2 メジアンとモード

度数分布している統計量には，平均値や標準偏差の他にも，メジアンとモードと呼ばれる代表値がある．メジアンは「中央値」，モードは「最頻値」である．メジアンとは全度数の 50％になる x_i の値である．図 2.1 左の表の場合は，$x=17$ のところで 46％，$x=18$ のところで 62％になるので，メジアンは $x=17$ になる (50％になるのは 17 と 18 の間だが，17 に近い)．小数点はつかない．モードは単に最も度数の高いところなので，$x=17$ である．表の場合，モードおよびメジアンが一致し，平均値が一致していないが，統計分布を適切に理解するには，これら 3 種類の代表値で考えるとよい．

社会科学では，統計分布に様々な歪みのあるケースを取り扱う．例えば，人口の年齢分布は戦争や疫病の蔓延などで，不幸にして特定の年齢層の人口が大きく減少することがある．現在，サハラ砂漠の南の国々では後天性免疫不全症 (AIDS) で壮年期の人口が大きく落ち込んでいる．また，壮年期世代の人々の子供達も同じ病気のために大幅に落ち込みつつある．そうなると，国民全体の「平均寿命」や「平均年齢」にはあまり意味がなくなってしまう．このような場合には「メジアン」が比較的良い代表値だと言われている．

パラメータが複数ある場合には，パラメータ同士の相関があるので，メジアンを代表値にできない．その場合には，最も頻度の高い点，「モード」が代表値になる．

国勢調査のような，数量的に大きな度数分布の場合，度数分布を小さなグループごとにまとめて，「標本平均」「標本標準偏差」「標本メジアン」「標本モード」を各グループの代表値にする場合もある．「県内平均」や「県内モード」などである．大きな統計量にする場合は，「全国平均」などになる．

自然科学でも，生物科学などでは，パラメータになる変動要因が必ずしも明瞭ではない場合もあり，統計量の平均値やモードにどの程度の意味があるか，疑問のある場合もある．

2.3 正規分布

正規分布については，第1章でも取り上げており，高等学校以来学習しているはずだが，次の式で確率分布が計算できる．

$$f(x)=\frac{1}{\sigma\sqrt{2\pi}}\exp\left(-\frac{(x-\overline{x})^2}{2\sigma^2}\right) \tag{2-1}$$

σ が標準偏差で $\overline{x}$ が平均値である．図2.2に $\sigma=1.0$，$\overline{x}=0$ の，$f(x)$，を示した．図中の％はそれぞれの縦線で仕切られた部分の面積である．

正規分布には表2.1の性質があるので，記憶しておく必要がある．

自然現象の中で，ある現象が起きる確率が正規分布に従うことは常に保証されているわけではない．統計分布に「努力」のような因子や，複数の因子の複合が起きると分布に偏りが出てくる．また，取り得る変数の領域に負の領域がない場合や，成績評価のように，最高値にも頭打ちがある場合は正規分布にならない．正規分布は18世紀に数学者のド・モアブルが1738年に出版した論文に掲載されていたもので，二項分布の極限として提唱されている．

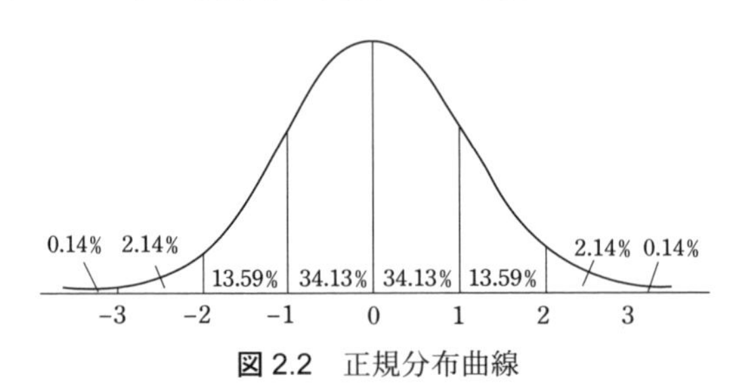

図2.2　正規分布曲線

表2.1　正規分布の性質

摘要	平均値からの差	存在確率，p	偏差 $(1-p)$
公算誤差	$\pm 0.67\sigma$	50％	0.5
平均偏差	$\pm 0.80\sigma$	58％	0.42
標準偏差	$\pm \sigma$	68％	0.32
有意差	$\pm 2\sigma$	95％	0.05
高い有意差	$\pm 2.6\sigma$	99％	0.01

付録：パラメータが2個以上の場合の正規分布

パラメータが2個以上ある場合も正規分布を定義することができる．q 個のパラメータがある場合の正規分布は次式のようになる．

$$f_q(x_1, x_2, \cdots, x_q) = \frac{1}{(\sqrt{2\pi})^q \sqrt{|s_{ij}|}} \exp\left[-\frac{1}{2} \begin{bmatrix} x_1 - \mu_1 \\ x_2 - \mu_2 \\ \vdots \end{bmatrix}^{\mathrm{T}} s_{ij}^{-1} \begin{bmatrix} x_1 - \mu_1 \\ x_2 - \mu_2 \\ \vdots \end{bmatrix} \right] \tag{2-2}$$

ただし，s_{ij} は共分散行列であり対称行列になる．対角要素は各要素の標準偏差の2乗（分散）であり，非対角要素は共分散，

$$s_{ij} = \frac{1}{N} \sum_{k=1}^{N} \sum_{m=1}^{N} (x_{ik} - \mu_i) \cdot (x_{jm} - \mu_j) \tag{2-3}$$

である．μ_i は i 番目の要素の平均値である．$|s_{ij}|$ は共分散行列の値 (determinant) である．列ベクトルの右肩のTは転置を意味し，行ベクトルと言う意味である．s_{ij}^{-1} は共分散行列の逆行列である．パラメータの数が一つなら，正規分布に戻ることがわかる．パラメータの数が2個の場合を図2.3に示す．パラメータ1と2ともに標準偏差を1.0とした．共分散行列の非対角項の12要素を0，0.8，−0.8とした場合を示す．それぞれ，パラメータ同士の相関がない場合，正の相関がある場合，負の相関がある場合に相当している．

これらの図面はインターネットで配信されているプログラムgnuplotを使って描いている．次のようにすれば描くことができる．

描くべき関数は；

$$f(x, y) = \frac{1}{\left(\sqrt{2\pi}\right)^2 \sqrt{|s|}} \exp(-0.5 * (x^2 + Bxy + y^2) / |s|)$$

であり，非対角項，s_{12}，が0，0.8，−0.8の場合，$|s|$ は1.0，0.36，0.36，B は0，−1.6，1.6になる．P

M社のPCの場合gnuplotをインストール後，ターミナル画面に次のコマンドを入れる．

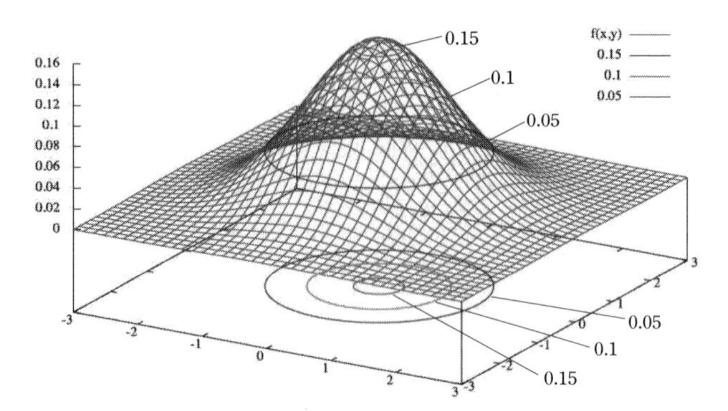

(a) 要素 1 と 2 に相関がない場合

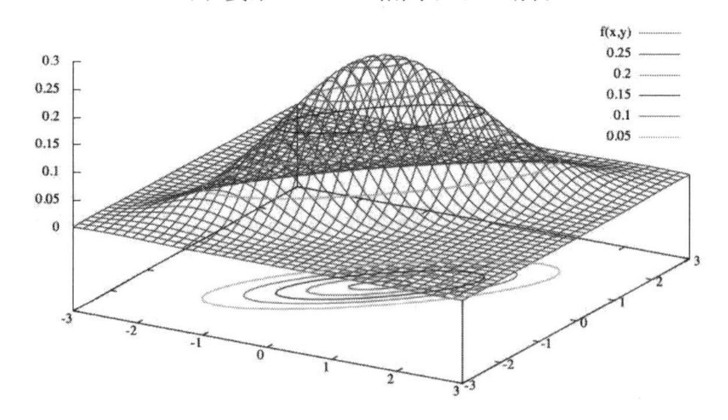

(b) 2 つの要素に共分散 0.8 がある場合

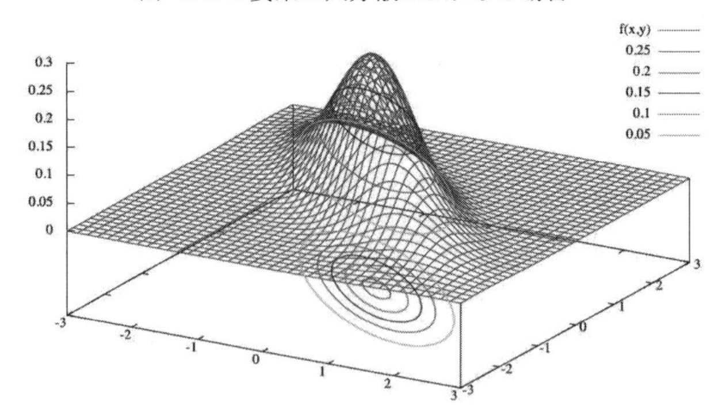

(c) 2 つの要素に共分散 −0.8 がある場合

図 2.3　2 元系正規分布

```
gnuplot(return)
gnuplot> set xrange [-3:3]
gnuplot> set yrange [-3:3]
gnuplot> set isosamples 40
gnuplot> set contour both
gnuplot> g(x,y)=0.5*(x*x+y*y)
gnuplot> f(x,y)=0.5/pi*exp(-g(x,y))
gnuplot> g(x,y)=0.5*(x*x+y*y)     #s12=0 の場合
gnuplot> splot f(x,y) linestyle 9
gnuplot> g(x,y)=0.5/0.36*(x*x-1.6*x*y+y*y)   #s12=0.8 の場合
gnuplot> f(x,y)=0.5/pi/0.6*exp(-g(x,y))
gnuplot> splot f(x,y) linestyle 9
gnuplot> g(x,y)=0.5/0.36*(x*x+1.6*x*y+y*y)   #s12=-0.8 の場合
gnuplot> splot f(x,y) linestyle 9
gnuplot> quit
```

Windows PC の場合には gnuplot をインストールすると gnuplot のアイコン（スイッチ）が現れる．アイコンをクリックすると入力画面になるので，上の gnuplot> set xrange [-3:3] 以下を入力する．コマンドプロンプト画面から gnuplot を入力してもよい．

2.4 二項分布

ある容器に赤白青緑の 4 色のボールが全部で 50 個入っている．製造工場では，4 色のボールを等しい数作っているが，無作為にボールを選んでいるので容器の中の各色のボールの数はわからない．平均すれば，4 色のボールはそれぞれ 12.5 個ずつ入っているはずだが，実際には，次のような，二項分布と呼ばれる確率分布になっている．

二項分布とはお互いに相関を持たない 2 種類の現象のどちらかが起きる場合の確率分布である．様々な色のボールが等しい確率で大きな容器の中にあ

正規分布の限界

通常の物理化学測定において正規分布関数は t 分布，χ^2 分布や F 分布にも繋がる基礎的な分布である．しかし，成績分布のように0点から100点の間にしか変数がないような場合には正確な正規分布は成り立たない．フラクタル状態の分布も正規分布にならない．フラクタル状態は界面の形に自己相似性と言う特殊な法則性がある場合に成り立つ．図はフラクタル状態を代表するシャルピンスキーのギャスケットと呼ばれる図形である．

大きい三角形の中に小さい三角形が規則的に並んでいて，その中にさらに小さい三角形がある．

三角形の一辺の長さの逆数と三角形の数については正規分布関数が成り立たずパレート，Pareto，分布関数に従う．変数 x に関する Pareto 分布関数は次式の通りである．$(\alpha+1)$ はフラクタルの特徴（次元）に応じた実数である．

$$f(x)=\frac{\alpha x_m^{\alpha}}{x^{\alpha+1}} \quad (x \geq x_m,\ x_m>0,\ \alpha>0)$$

この関数の期待値は，$\alpha>1$ のとき $\frac{\alpha x_m}{\alpha-1}$，分散は α が2以下では∞だが，2を超えると $\frac{x_m^2\alpha}{(\alpha-1)^2(\alpha-2)}$ になる．

参考文献：http://en.wikipedia.org/wiki/Pareto_distribution

り，n 回の試行をして，玉を取り出すとき s 回赤玉（白玉，青玉，緑玉でも同じ）が出る確率は簡単に次のように定義できる．赤玉の出る確率を P としている．等しい確率で製造した4色のボールなら P は 0.25 である．

$$f(s) = {}_nC_s\, P^s(1-P)^{n-s} \tag{2-4}$$

${}_nC_s$ は組み合わせ，$n!/\{s!(n-s)!\}$ を意味している．P に n を掛けたもの，nP，が二項分布の期待値である．二項分布の標準偏差は次のようになる．

$$\sigma = \sqrt{\frac{P\cdot(1-P)}{n}} \tag{2-5}$$

二項分布は試行の回数がそれほど多くない場合に頻繁に登場する関数である．

実験あるいは自然を観察するとき，ある確率で起きる現象が観測されることがある．一定の回数観察し，その現象が現れる回数に対して式(2-4)でその確率が与えられ，誤差が式(2-5)で与えられる．n と P が大きくなると確率分布が正規分布に似てくることがわかる．

n を50回にしたまま，P を0.05から0.5まで変化した場合の試行の回数，n，に対する式(2-4)の確率（赤い玉を引き当てる確率）をマイクロソフト社の"EXCEL"を利用して図2.4に示した．

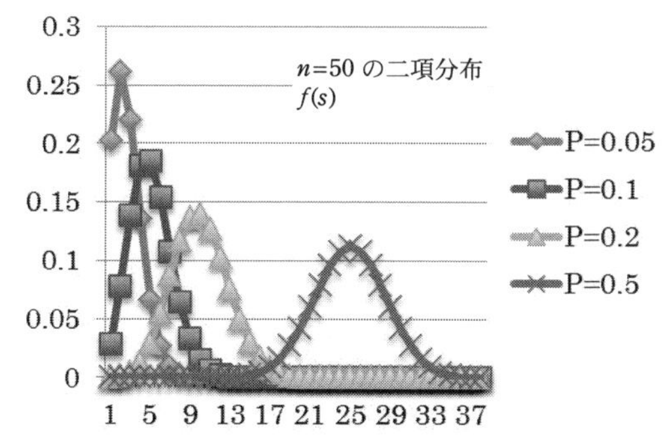

図2.4　二項分布．横軸は（赤玉を引き当てる）回数

数表の計算法と図面の描き方

たいがいのPCにインストールされているマイクロソフト社の“EXCEL”を用いてみる．まず左側の第A列に1から50までの数字を入れておく．n=50，P=0.05の場合，第B列の先頭に =BINOM.DIST(A1, 50, 0.05, 0) と入れる．BINOM.DISTは式(2-4)で定義された二項分布関数である．引数は，成功数，試行回数，成功率(P)，関数形式(0ないし1，本計算では0とする)．リターンを押すと二項分布の値0.202487が現れる．B列の他の値も同様に関数BINOM.DISTを使って計算する．EXCELには組み合わせの数 ${}_nC_s$ を求める関数COMBIN(n, s)が用意されているので，組み込み関数を使わなくても，式(2-4)の値を計算できる．

Pの値を変えてCからE列まで計算し，数表が完成したら数表にマウスで領域設定し「折れ線」コマンドを使う．

マイクロソフト社のEXCELを使って二項分布関数，式(2-4)，を計算し，作

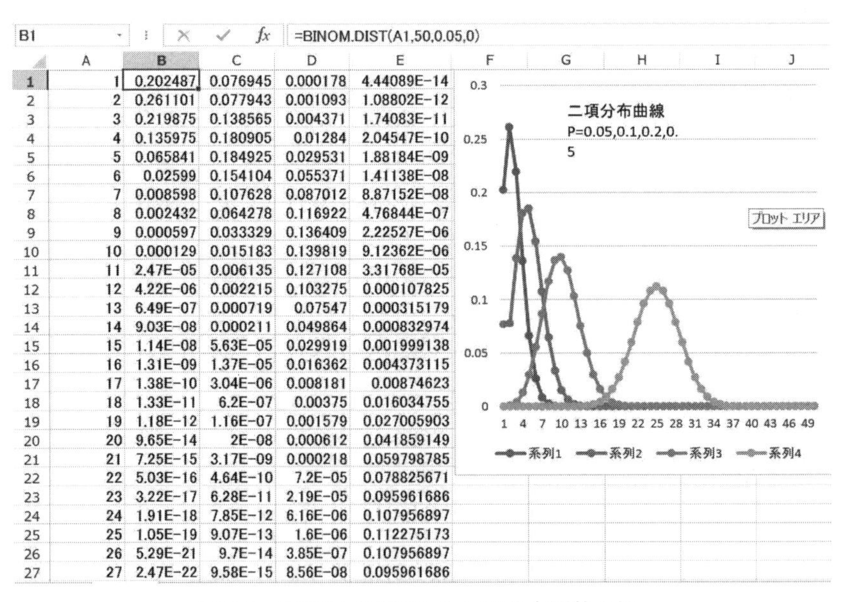

B1　=BINOM.DIST(A1,50,0.05,0)

	A	B	C	D	E
1	1	0.202487	0.076945	0.000178	4.44089E-14
2	2	0.261101	0.077943	0.001093	1.08802E-12
3	3	0.219875	0.138565	0.004371	1.74083E-11
4	4	0.135975	0.180905	0.01284	2.04547E-10
5	5	0.065841	0.184925	0.029531	1.88184E-09
6	6	0.02599	0.154104	0.055371	1.41138E-08
7	7	0.008598	0.107628	0.087012	8.87152E-08
8	8	0.002432	0.064278	0.116922	4.76844E-07
9	9	0.000597	0.033329	0.136409	2.22527E-06
10	10	0.000129	0.015183	0.139819	9.12362E-06
11	11	2.47E-05	0.006135	0.127108	3.31768E-05
12	12	4.22E-06	0.002215	0.103275	0.000107825
13	13	6.49E-07	0.000719	0.07547	0.000315179
14	14	9.03E-08	0.000211	0.049864	0.000832974
15	15	1.14E-08	5.63E-05	0.029919	0.001999138
16	16	1.31E-09	1.37E-05	0.016362	0.004373115
17	17	1.38E-10	3.04E-06	0.008181	0.00874623
18	18	1.33E-11	6.2E-07	0.00375	0.016034755
19	19	1.18E-12	1.16E-07	0.001579	0.027005903
20	20	9.65E-14	2E-08	0.000612	0.041859149
21	21	7.25E-15	3.17E-09	0.000218	0.059798785
22	22	5.03E-16	4.64E-10	7.2E-05	0.078825671
23	23	3.22E-17	6.28E-11	2.19E-05	0.095961686
24	24	1.91E-18	7.85E-12	6.16E-06	0.107956897
25	25	1.05E-19	9.07E-13	1.6E-06	0.112275173
26	26	5.29E-21	9.7E-14	3.85E-07	0.107956897
27	27	2.47E-22	9.58E-15	8.56E-08	0.095961686

図2.5　EXCELを利用した二項分布関数の例

図したところを図 2.5 に示す.

2.5 ポアソン (Poisson) 分布

二項分布から派生したもう一つの分布にポアソン分布がある. この分布は n が大きく, P が大変に小さい場合に相当している. n 回試行したら, ほぼ nP 回現れる場合である. つまり, 期待値は $\lambda = nP$ である. n が大きい数で P が小さい数なので, その積, λ, を分布の特徴を示すパラメータにしている. このとき, n 回試行して x 回現れる確率をポアソン分布は次のように与える.

$$\mathcal{P}(x) = \lambda^x \frac{e^{-\lambda}}{x!} \tag{2-6}$$

この分布関数では, 標準偏差は,

$$\sigma = \sqrt{\lambda} \tag{2-7}$$

である. このポアソン分布は, 放射線強度や X 線強度のように, 測定確率が低く, 量子が時々観測されるような場合に適用される. 式 (2-7) は大変有用な関係式であり, X 線強度や放射線測定時の標準偏差の推定値として頻繁に利用される. 本来, 標準偏差は測定量であり, 観測を繰り返した後に決まるものだが, ポアソン分布に従う統計量の場合は式 (2-7) が比較的よい推定値になっている.

例えば 20 カウントと計測された放射線強度の標準偏差は $\sqrt{20} = 4.5$ と言うわけである. 従ってカウント値が大きくなるに従って標準偏差の推定値(誤差)も大きくなる. もちろんこれは正しいわけではなく, 測定が済んだ後に測定曲線と理論曲線との差から実験的に正しい標準偏差を求めるべきである.

実験時, 測定量がポアソン分布している保証がないのに標準偏差の推定値を式 (2-7) で計算している場合がある. 注意すべきである.

λ が 6, 8, 15, 20 の場合のポアソン分布を図 2.6 に示す.

λ が大きくなると, ポアソン分布も正規分布に近くなってくることがわかる. このポアソン分布の標準偏差の式, (2-7), は後に述べる「χ^2 検定」の項にも出てくる.

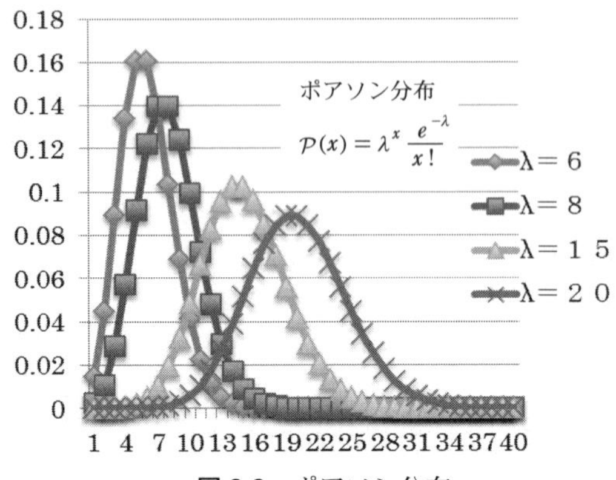

図 2.6　ポアソン分布

図 2.6 も EXCEL を用いて描いている．式 (2-6) に対応した関数は POISSON.DIST であり，引数は，イベント数 (x)，期待値 (λ)，関数形式 (1 ないし 0，この場合は 0) であり，B 列の先頭に =POISSON.DIST(A1,6,0) を入れてリターンを押せば，確率 0.01487 が現れる．

2.6 *t* 分布

正規分布している統計量から無作為に n 個の標本を取り出して分布曲線を作ると，n が 100 以上なら，正規分布にかなり近いものになるはずである．しかし，n が 50 以下になると，少し様子がちがってくる．

正規分布している母集団から無作為に n 個の標本を取り出して分布曲線を作る場合，標本が全ての領域からまんべんなく取り出されるとは限らない．実際には，n 個の標本が作る分布は正規分布よりも，裾の広がったものになる．これが，「t 分布」である．

最小二乗法により実験曲線の近似曲線の最適パラメータを求め，その信頼区間を，t 分布を使って計算する．

t 分布に従う n 個の標本の標準偏差は次式で求める．

$$\sigma_s = \sqrt{\frac{1}{n-1}\sum_{i=1}^{n}(x_i - \bar{x})^2} \tag{2-8}$$

自由度が $n-1$ になった理由は，平均値の計算により，自由度が一つ使われたことによる．

変数を $x=(x-\bar{x})/\sigma_s$ としたとき，t 分布は次式で与えられる．

$$f_n(x) = \frac{\Gamma\left(\frac{n}{2}\right)}{\sqrt{(n-1)\pi}\cdot\Gamma\left(\frac{n-1}{2}\right)}\left(1+\frac{x^2}{n-1}\right)^{-\frac{n}{2}} \tag{2-9}$$

ただし，右辺第1項にある $\Gamma(x)$ はガンマ関数であり，次のように定義される．

ただし，x は本来複素数だが，ここでは正の実数としている．

$$\Gamma(x) = \int_0^{\infty} t^{x-1}\exp(-t)dt \quad x>0 \tag{2-10}$$

t 分布関数，式(2-9)，を図示したものが，図2.7である．n が大きくなると正規分布に近づく．

従来，t 分布関数は数表として与えられることが多かったが，パソコン時代の今日EXCEL等の表計算プログラムを利用する方が能率的である．

t 分布に従う観測量を取り扱う場合，従来正規分布を仮定して計算していた 1σ 領域（68％領域）や 2σ 領域（95％領域）がどこまで広がることになるのかという点が重要である．表計算プログラムのEXCELには組み込み関数T.DIST（x，自由度，関数形式（1ないし0，この場合は0））とT.INV（確率，自由度）とT.INV.2T（確率，自由度）が用意されている．前者を利用することで図2.7を計算できる．後者では標本数に応じた σ を計算できる（前者は図2.7の分布関数の左側，後者は両側から計算した積分値に対するもの）．例えば，$n=3$ の場合の68％領域（分布関数の積分値が σ の正負領域で併せて32％より小さい領域）で比較する．正規分布の場合は 1σ 領域だったが，t 分布ではT.INV.2T(0.32, 3)=1.1889になる．95％領域は，本来 2σ 領域だが，T.INV.2T(0.05, 3)=3.1824である．

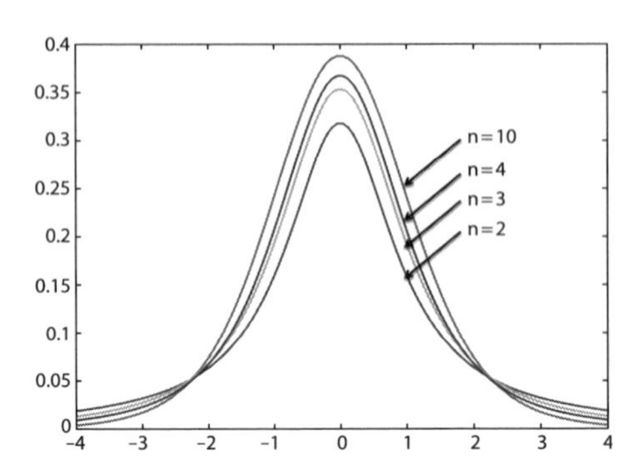

図 2.7　分布関数，$n = 2, 3, 4, 10$ の場合 (gnuplot にて作図)

限られた個数のデータから最小二乗法で回帰線を求める場合，回帰線の誤差の範囲を t 分布の知識を使って求めることになる．

練習問題

1. 度数分布が次のように与えられた．次の問いに答えよ．

   1.1 度数分布を図示せよ．

   1.2 パラメータ x の平均値を求めよ．

   1.3 パラメータ x の標準偏差を求めよ．

x	1.1	1.2	1.5	1.8	2.0	2.4	2.6	2.9	3.2	3.6
f	3	5	10	8	18	30	15	7	3	1

   1.4 メジアンの x は何か．

   1.5 モードの x は何か．

2. 直径 12.5 mmϕ に加工した鉄の軸が 1000 本ある．直径を計測したところ，次のような分布があることがわかった．

直径 (mm)	12.425 ～ 12.435	12.435 ～ 12.445	12.445 ～ 12.455	12.455 ～ 12.465	12.465 ～ 12.475	12.475 ～ 12.485
本数 f	5	112	338	385	140	20

2.1　直径の平均値を求めよ．

2.2　直径の標準偏差を求めよ．

2.3　鉄の軸の公差を求めよ(JIS 規格では 6 ～ 30 mm の製品の交差 = 寸法精度を 4 つの級，f(±0.1 mm)，m(±0.2 mm)，c(±0.5 mm)，v(±1 mm) に分けている)．

2.4　この鉄の軸の直径を 12.5 mmϕ と称してよいか，述べよ．

3. 正規分布について，次の問いに答えよ．

3.1　$\sigma=1$ とし，$x=\bar{x}$ のときの f の値，f_0，を示せ．

3.2　正規分布曲線，$f(x)$，が $0.5f_0$ となるときの x の値を求めよ．

3.3　$f(x)$ が $1/e\times f_0$ となる x を求めよ．

4. 二項分布について，次の問いに答えよ．

4.1　確率 1/5 で起きる現象 A がある．50 回測定したときに，この現象が起きる回数を二項分布に従って，計算し，図示せよ．表計算プログラム EXCEL を利用する場合には，組み込み関数，BINOM.DIST（回数，試行，確率，関数形式 =0) で計算せよ．

4.2　標準偏差を求めよ．

4.3　この現象 A が 50 回の試行のうち，10 回起きる確率を求めよ．

5. ポアソン分布に従うと言われる放射線強度を繰り返し 20 回測定したところ，次の結果を得た．

回数	1	2	3	4	5	6	7	8	9	10
Bq	512	623	420	325	712	626	640	730	800	603
回数	11	12	13	14	15	16	17	18	19	20
Bq	562	720	626	551	630	560	730	790	625	565

5.1　平均 Bq (ベクレル) 数と標準偏差を求めよ．

5.2　ポアソン分布に従うと仮定したときの標準偏差を考慮して平均 Bq 数の標準偏差を求めよ．

5.3　1 回の測定に 5 分を要したとして，時間当たりの mSv（ミリシーベルト）の値を求めよ．ただし，Bq から mSv に換算するには，仮想的な係数 8.2×10^{-6} を使うこと．

6. t 分布について，次の問いに答えよ．

6.1　正規分布している母集団から有限個の標本を取り出して，分布曲線を描くと，正確には正規分布にならない．その理由を述べよ．

6.2 EXCEL などの組み込み関数 T.INV あるいは T.INV.2T を用いて，標本数 2 から 15 までの，80％信頼区間に対応する，$p=0.2$，の σ について，作表せよ．

第3章　誤差の伝播(伝搬)則
(propagation of error)

誤差(揺らぎ)を持った数値同士の四則演算を考える．1.10「誤差のある引数」で触れたような誤差をもった引数から計算される関数同士の四則演算にも同じ取り扱いができる．誤差の伝播(伝搬)則を理解することで様々な計算結果の誤差を正しく評価できるようになる．第1章で取り上げた伊能忠敬の地図製作も適切な誤差の伝播則の適用により可能になった．

まず，誤差には絶対値で示される絶対誤差と，絶対誤差を元の値の絶対値による割り算，$\Delta A/|A|$ で定義される相対誤差とがある．以下の誤差計算にはこの2種類の誤差が関係している．

3.1 足し算と引き算の誤差

A，B 2つの数値がそれぞれ，10.2(2)＝10.2±0.2，25.7(3)＝25.7±0.3 だとする．それぞれの値に対する絶対誤差が括弧の中身である．$A+B$ と $A-B$ を考える．2つの数 A，B に相関がないとすれば，足し算の場合も引き算の場合もその結果に対する誤差は次の式で計算できる．

$$\sigma = \sqrt{(0.2)^2 + (0.3)^2} = 0.36 \tag{3-1}$$

つまり，$A+B=35.9(4)=35.9\pm0.4$

$A-B=-15.5(4)=-15.4\pm0.4$

誤差が単純な足し算や引き算にならない点に注意してほしい．誤差の式は足し算の場合も引き算の場合も同じになる点にも注意してほしい．

$2A+3B$ の場合，絶対誤差にも係数が掛り，

$$2A=20.4\pm0.4,\quad 3B=77.1\pm0.9$$

$$\sigma=\sqrt{0.4^2+0.9^2}=0.98$$

従って，$2A+3B=97.5\pm1.0=98(1)$

高等学校の物理の時間に紹介された気体分子運動論では気体分子の運動速度の平均値が x，y，z 方向成分の平均値から計算された．すなわち，$\overline{v}^2=(\overline{v}_x^2+\overline{v}_y^2+\overline{v}_z^2)/3$ と与えられていた．この式は，x y z 方向の気体分子の運動には相関がない（例えば，y 方向の速度が大きくても，x 成分が大きい訳ではない，等）のでそのように書ける．

誤差のある数値の足し算と引き算が繰り返される場合は，それらの数値の絶対誤差，σ_1，σ_2，σ_3，σ_4，…，σ_n の2乗の足し算の平方根で最終結果の誤差を評価する（これ以外の誤差評価法はないので注意）．

$$\sigma_{\text{Total}}=\sqrt{\sigma_1^2+\sigma_2^2+\sigma_3^2+\cdots+\sigma_n^2} \tag{3-2}$$

関数の引数に誤差がある場合の関数の足し算と引き算の結果についての誤差も同じように計算すればよい．関数 $f(x)$ の引数 x_i に誤差 σ_c があるとする．関数 $g(y)$ の引数 y_i にも誤差 σ_d があるとする．$f(x_i)$ と $g(y_i)$ の足し算と引き算の誤差は，(3-3) 式で評価できる．

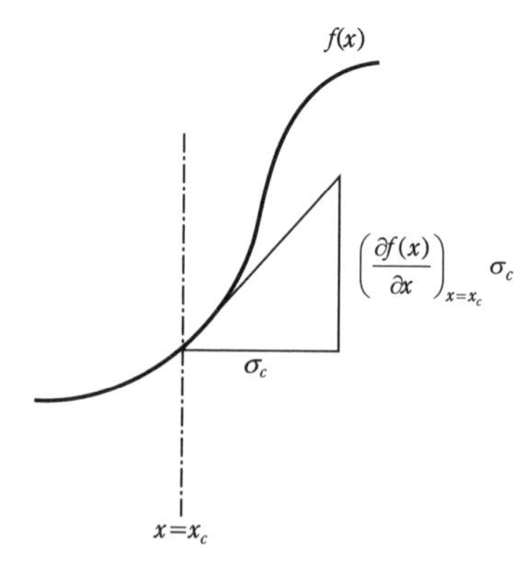

図 3.1　関数の引数に誤差がある場合の関数の変動幅

$$\sigma_f = \sqrt{\left(\left(\frac{\partial f}{\partial x}\right)_{x=x_c} \cdot \sigma_c\right)^2 + \left(\left(\frac{\partial g}{\partial y}\right)_{y=y_d} \cdot \sigma_d\right)^2} \tag{3-3}$$

関数の引数に誤差がある場合の関数 $f(x)$ の変動幅を図示したものを図 3.1 に示す．

$\underline{2f(x_c)+3g(y_d)}$ のように係数がある場合は $2A+3B$ の場合と同様に (3-3) 式に係数を加えて，次の式で誤差を評価する．

$$\sigma_f = \sqrt{\left(2\left(\frac{\partial f}{\partial x}\right)_{x=x_c} \cdot \sigma_c\right)^2 + \left(3\left(\frac{\partial g}{\partial y}\right)_{y=y_d} \cdot \sigma_d\right)^2}$$

例題：誤差のある量の足し算と引き算

A と B がそれぞれ 2.56(3)=2.56±0.03 と 12.3(3)=12.3±0.3 で C=0.234(7) としたとき，次の値を求めて誤差を計算せよ．

$A+B+C$，$A-B-C$，sin(B(deg.))，sin($2B$)，ln(C)

[解答] $A+B+C$ の答と $A-B-C$ の答の誤差は同じ式で求まる．

$$\sigma = \sqrt{0.03^2 + 0.3^2 + 0.007^2} = 0.3$$

従って，$A+B+C$=2.56+12.3+0.234±0.3=15.1±0.3=15.1(3)

$A-B-C$=2.56−12.3−0.234±0.3=−10.0±0.3=−10.0(3)

sin(B)=0.213 だが，

$$\left(\frac{\partial \sin(x)}{\partial x}\right)_{x=12.3} = \cos(12.3) = 0.977$$

$$\sigma = \cos(12.3) \times 0.3 = 0.29$$

従って，誤差は ±0.29 になるため sin(B)=0.21±0.29=0.2(3)，sin($2B$)=0.416 であり，

$$\sigma = \cos(12.3 \times 2) \times 0.3 \times 2 = 0.54$$

従って，sin($2B$)=0.42±0.54=0.4(5)

ln(C)=−1.4524 だが，

$$\sigma=\left(\frac{\partial \ln(x)}{\partial x}\right)_{x=12.3}\times 0.007=\frac{0.007}{0.234}=0.0299$$

従って，$\ln(C)=-1.45\pm 0.03=-1.45(3)$

3.2 掛け算と割り算の誤差

誤差を含んだ数値の割り算と掛け算の結果に対する誤差の評価には，相対誤差の概念を使う．基本的な計算式は足し算や引き算の誤差の評価とほとんど同じである．

まず，誤差の表記を絶対誤差から相対誤差にする．つまり，絶対誤差を元の値の絶対値で割り算する．誤差は基本的に正の数で表すので，相対誤差も正の値にする．

$$\delta_A=\frac{\sigma_A}{|A|}\ ,\ \ \delta_B=\frac{\sigma_B}{|B|} \tag{3-4}$$

すると，誤差を含めて A と B は次のように書くことができる．

$$\begin{aligned} A\pm\sigma_A &= A(1\pm\delta_A) \\ B\pm\sigma_B &= B(1\pm\delta_B) \end{aligned} \tag{3-5}$$

AB ないし A/B の項を除くと括弧の中身同士の掛け算と割り算には次の関係がある．次の式 (3-6) では x と y を相対誤差，δ_A，δ_B と見なす．

$|x|\ll 1,\ |y|\ll 1$ のとき，

$$\begin{aligned} (1+x)\cdot(1+y) &= 1+(x+y)+xy \\ \frac{1+x}{1+y} &= 1+(x-y)+\cdots \end{aligned} \tag{3-6}$$

掛け算の場合，$(x+y)$ 項以降は x と y の掛け算が出てくるので，無視できる値である．割り算の場合も，$(x-y)$ 項以降はそれぞれ小さい値の2乗以上の項なので，無視できる．

掛け算の場合も割り算の場合も最終結果の誤差は小さい値 x と y に係数を掛けた項で誤差を評価できることになった. (3-5) 式の相対誤差を使って掛け算と割り算の誤差評価をすればよい.

A と B の掛け算と割り算は相対誤差の 2 乗和の平方根, $\sqrt{\delta_A^2+\delta_B^2}$, で評価できることになった.

つまり, 次のようになる.

$$(A\pm\sigma_A)\cdot(B\pm\sigma_B)=A\cdot B\cdot(1\pm\delta_A)\cdot(1\pm\delta_B)$$

$$\cong A\cdot B\cdot(1\pm\sqrt{\delta_A^2+\delta_B^2}) \tag{3-7}$$

$$(A\pm\sigma_A)/(B\pm\sigma_B)=A/B\cdot(1\pm\delta_A)/(1\pm\delta_B)$$

$$\cong A/B\cdot(1\pm\sqrt{\delta_A^2+\delta_B^2}) \tag{3-8}$$

絶対誤差は, $A\cdot B\sqrt{\delta_A^2+\delta_B^2}$ と $A/B\sqrt{\delta_A^2+\delta_B^2}$ である.

具体的に, $A=10.2(2)$, $B=25.7(3)$ としたとき,

$$A\cdot B=262.14(1\pm\sqrt{0.02^2+0.01^2})$$
$$=262.14(1\pm0.02)=265\pm5=262(5)$$

$$A/B=0.397(1\pm\sqrt{0.02^2+0.01^2})$$
$$=0.397(1\pm0.02)=0.397\pm0.008=0.397(8)$$

有効数字 3 桁の数字同士の四則演算結果は有効数字 3 桁の結果になることがわかったはずである.

べき乗の場合：

n 乗, A^n, や $-m$ 乗, B^{-m} が出てきた場合の誤差も同じように計算できる.

(3-6) 式のように x, y を小さい値とすると次の関係が成り立つ.

$$(1+x)^2=1+2x+x^2$$

$$(1+x)^3=1+3x+3x^2+x^3$$

$$(1+x)^4=1+4x+6x^2+4x^3+x^4$$

$$\vdots$$

$$(1+x)^n=1+nx+\delta(x^2,x^3,x^4\cdots\cdots)$$

ただし，$\delta(x^2, x^3, x^4\cdots\cdots)$ は括弧の中の項を含む絶対値の小さい項と言う意味である．同様の関係が負のべき乗にもあり，下の式のように書ける．

$$1/(1+y)=(1+y)^{-1}=1-y+y^2\cdots\cdots$$

$$(1+y)^{-m}=1-my+\delta(y^2, y^3, y^4\cdots\cdots)$$

$\delta(y^2, y^3, y^4\cdots\cdots)$ は括弧の中の項を含む絶対値の小さい項と言う意味である．

従って，A^n や B^{-m} の誤差は次のような簡単な式で評価できる．

$$\begin{aligned}(A\pm\sigma_A)^n &= A^n(1\pm\delta_A)^n \cong A^n(1\pm n\delta_A)\\ (B\pm\sigma_B)^{-m} &= B^{-m}(1\pm\delta_B)^{-m} \cong B^{-m}(1\mp m\delta_B)\end{aligned} \tag{3-9}$$

関数，$f(x)$，$g(x)$ の引数がそれぞれ，$A\pm\sigma_A$ と $B\pm\sigma_B$ と与えられたときに，関数 $f(A+\sigma_A)$ と $g(B+\sigma_B)$ の四則演算した値の誤差は，次の通りである．

$$f(A\pm\sigma_A)\pm g(B\pm\sigma_B)$$
$$=f(A)\pm g(B)\pm\sqrt{\left[\left(\frac{\partial f}{\partial x}\right)_{x=A}\sigma_A\right]^2+\left[\left(\frac{\partial g}{\partial x}\right)_{x=B}\sigma_B\right]^2} \tag{3-10}$$

$$f(A\pm\sigma_A)\cdot g(B\pm\sigma_B)$$
$$=f(A)\cdot g(B)\pm f(A)g(B)\sqrt{\left[\frac{1}{f(A)}\left(\frac{\partial f}{\partial x}\right)_{x=A}\sigma_A\right]^2+\left[\frac{1}{g(B)}\left(\frac{\partial g}{\partial x}\right)_{x=B}\sigma_B\right]^2} \tag{3-11}$$

$$f(A\pm\sigma_A)/g(B\pm\sigma_B)$$
$$=f(A)/g(B)\pm f(A)/g(B)\sqrt{\left[\frac{1}{f(A)}\left(\frac{\partial f}{\partial x}\right)_{x=A}\sigma_A\right]^2+\left[\frac{1}{g(B)}\left(\frac{\partial g}{\partial x}\right)_{x=B}\sigma_B\right]^2} \tag{3-12}$$

関数にべき乗がある場合も次のようになる．

$$f(A\pm\sigma_A)^n g(B\pm\sigma_B)$$

$$=f(A)^n g(B)\left(1\pm\sqrt{\left[\frac{n}{f(A)}\left(\frac{\partial f}{\partial x}\right)_{x=A}\sigma_A\right]^2+\left[\frac{1}{g(B)}\left(\frac{\partial g}{\partial x}\right)_{x=B}\sigma_B\right]^2}\right) \qquad (3\text{-}13)$$

$$f(A\pm\sigma_A)/g(B\pm\sigma_B)^m$$

$$=f(A)/g(B)^m\left(1\pm\sqrt{\left[\frac{1}{f(A)}\left(\frac{\partial f}{\partial x}\right)_{x=A}\sigma_A\right]^2+\left[\frac{m}{g(B)}\left(\frac{\partial g}{\partial x}\right)_{x=B}\sigma_B\right]^2}\right) \qquad (3\text{-}14)$$

例題

$A=2.56(3)$, $B=12.3(3)$, $C=0.234(7)$ としたとき，次の値を求めて誤差を計算せよ．

AB, BC, A/C, A^3, B^{-2}, $\sin(B)\cos(C)$, $A\ln B$

[解答] すでに式 (3-7), (3-8) でも計算しているが，相対誤差を計算しておく．
A, B, C の相対誤差はそれぞれ，

$\delta_A=0.03/2.56=0.012$,

$\delta_B=0.3/12.3=0.024$,

$\delta_C=0.007/0.234=0.030$

$$AB=31.49(1\pm\sqrt{0.012^2+0.024^2})=31.49(1\pm0.027)=31.49\pm0.84=31.5(8)$$

$$BC=2.878(1\pm\sqrt{0.024^2+0.030^2})=2.878(1\pm0.038)=2.878\pm0.11=2.9(1)$$

$$A/C=10.94(1\pm\sqrt{0.012^2+0.030^2})=10.94(1\pm0.032)=10.94\pm0.35=10.9(4)$$

$$A^3=2.56^3(1\pm3\times0.012)=2.56^3(1\pm0.036)$$

$$=0.2130\left(1\pm\sqrt{\left[\frac{1}{0.213}\cos2.56\times0.03\right]^2+\left[\frac{-1}{0.977}\sin0.234\times0.007\right]^2}\right)$$

$$\sin(B)\cos(C)=2.130(1\pm\sqrt{0.141^2+0.00003^2})$$
$$=0.2130(1\pm0.141)=0.2130\pm0.030$$

$$A\ln B=6.4246\left(1\pm\sqrt{[0.012]^2+\left[\frac{1}{2.5096}\frac{0.3}{12.3}\right]^2}\right)$$
$$=6.4246(1\pm0.0154)=6.4246\pm0.099=6.4(1)$$

3.3 酔歩問題(正規分布になる現象)

次のような設問がある.

“波止場の端に船が停泊している. 波止場には間隔aで街灯がついていて, 今酔っぱらった水夫が1人, 1本の街灯につかまっている. 水夫は泥酔しているので, 船の方向が全くわからない. 水夫はτ秒に1回だけ隣の街灯に移る. 水夫が時間ゼロで, 地点Aにいたとき, 長い時間tが経過した後で, 各街灯に水夫がいた時間(確率)を求めよ.”

図3.2にその様子を示した.

この問題を2次元に拡張できる. 街灯が$a\times a$の2次元格子を組んでいて, τ秒に1回最隣接の4つの街灯のどれかに移ってもよいとする. もっと自由度を増して, 1回の移動距離はaのままにして, 動く方向は360°どこに向かってもよいことにしてもよい. 最後の場合が水面に落ちた花粉の運動, ブラウン運

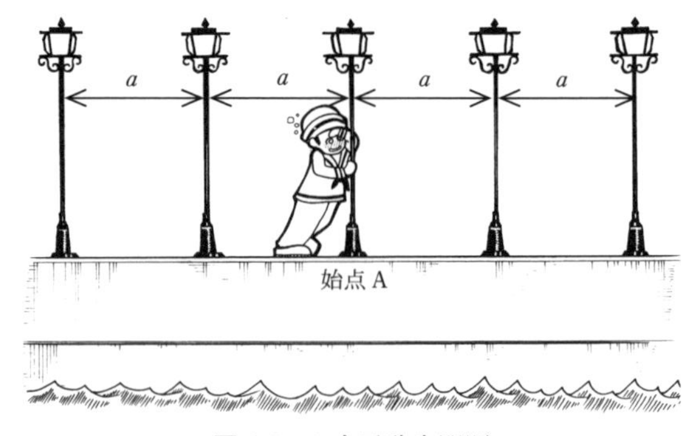

図3.2　1次元酔歩問題

動，に似たものになる．

1 次元の酔歩問題の場合，長時間後，水夫がいる確率の最も高い所はむろん，元の場所だが，その場所を中心として，その前後，そのまた前後と段々確率が下がる．時間，t，が経つにつれて，元いた場所の存在確率が下がり，周辺部の確率が増える．水夫の存在確率は時間の経過に伴って，正規分布に近くなる．その標準偏差は比，ta^2/τ，に比例して増加する．a の 2 乗に比例するのは，a が速度，$v=a/\tau$，と移動距離の両方に影響するからである．水夫が 3 次元空間を移動することにしてもよいが標準偏差は隣接する経路の数によって変わるものの，1 次元の場合のおよそ，1/3 になる．

酔歩問題は結晶中の不純物原子の拡散理論になっており，実験的には，単結晶の棒を切って，その界面に不純物原子をドープして元の棒に戻し，温度を上げて拡散を起こす（不純物拡散実験）．

時刻ゼロで界面に bC_0 の不純物がある．拡散開始から t 秒後の不純物の濃度分布は次の式に従う．

$$C(x,t) = \frac{bC_0}{2\sqrt{\pi Dt}} \exp\left(-\frac{x^2}{4Dt}\right) \tag{3-15}$$

D が拡散定数と呼ばれる定数になる．この式から，濃度分布は正規分布になって，標準偏差が $\sqrt{2Dt}$ になることがわかる（図 3.3）．

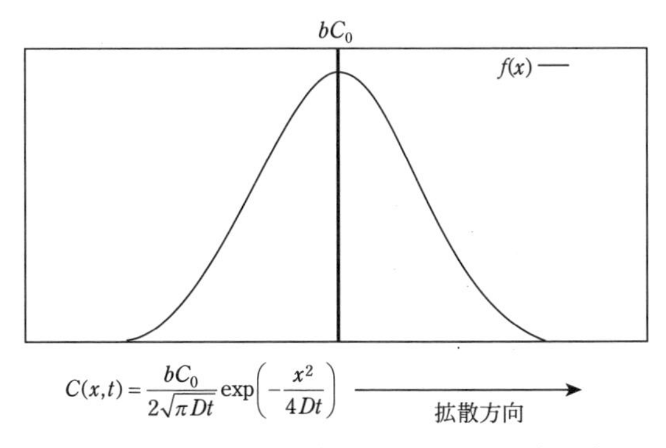

図 3.3　1 次元不純物拡散による濃度分布曲線

3.4 酔歩問題のモンテカルロシミュレーション

酔った水夫の足取りを擬似乱数(Pseudo- Random Number)を使って簡単にシミュレーションしてみよう．この計算では，水夫の進む方向の決定に擬似乱数を用いる．疑似乱数を利用して賭博場を経営しているモンテカルロ市にちなんでこのような計算をモンテカルロシミュレーションと呼んでいる．擬似乱数が 0 ～ 0.5 のときは右，それ以外は左とする．2 次元正方格子なら，0 ～ 0.25, 0.25 ～ 0.5，0.5 ～ 0.75，0.75 ～ 1.0 の 4 つの区間に分けて，それぞれ，右，左，上，下の動きにする．水面に落ちた花粉のような動きなら，擬似乱数で $2\pi\times$ 擬似乱数 (0 ～ 1.0) として，次に進む方向を決めればよい．

C 言語で作った 1 次元と 2 次元のシミュレーションプログラム例と，水夫が原点からどの距離にいるかを計算した図面を示す(図 3.4，図 3.5)．

```
#include <stdio.h>
#include <math.h>
#include <stdlib.h>
#include <time.h>
main()
{
 int max,nin,NL,ND,i, j,idd,seed=123456789;
 double x,y,angle,al,rnnd;
printf("input NL(repeat) and dN(one interval)");
scanf("%d, %d",&NL,&ND);
FILE *cmonte1, *cmonte2;
cmonte1=fopen("cmonte1.dat", "w+");
cmonte2=fopen("cmonte2.dat", "w+");
srand((unsigned int)time(NULL));
x=0.;
for(i=1; i<=NL;i++)
{
```

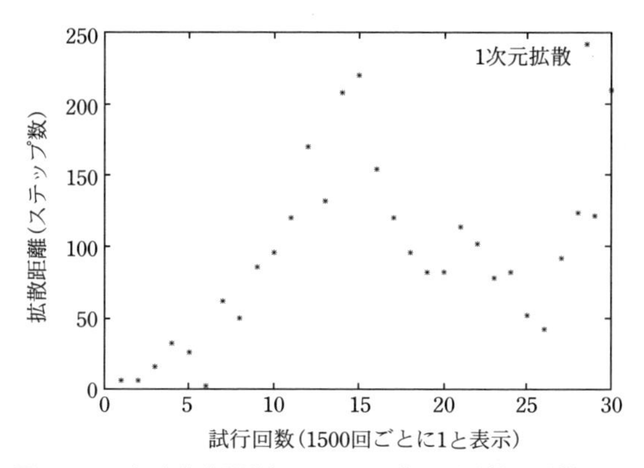

図 3.4　1 次元酔歩問題．1500 回ごとに距離を計算した

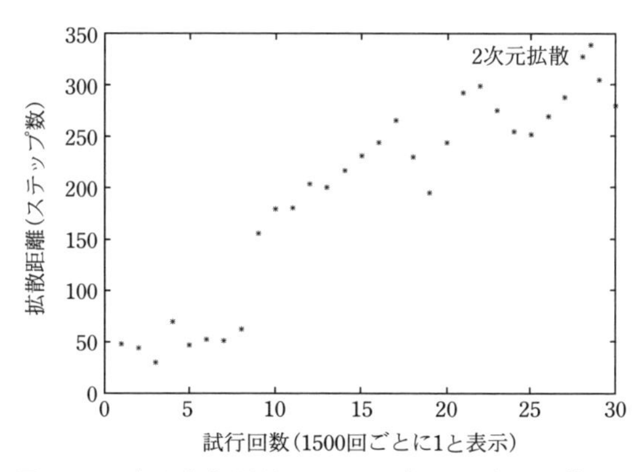

図 3.5　2 次元酔歩問題．1500 回ごとに距離を計算した

```
for(j=1;j<=ND;j++)
{
rnnd=(rand()%1000+1)*1e-3;
if(rnnd>0.5)
{
x=x+1.;
}
else
```

```
{
x=x-1.;
}
}
al=abs(x);
printf("%5d  %12.5f \n",i,al);
fprintf(cmonte1, "%5d %12.5f \n",i,al);
}
fclose(cmonte1);

x=0.0;
y=0.0;
for(i=1;i<=NL;i++)
{
for(j=1;j<=ND;j++)
{
rnnd=(rand()%1000+1)*1e-3;
angle=2.*3.14159265*rnnd;
x=x+cos(angle);
y=y+sin(angle);
al=sqrt(x*x+y*y);
}
printf("%5d %12.5f \n",i,al);
fprintf(cmonte2, "%5d %12.5f \n",i,al);
}
fclose(cmonte2);
}
```

1500回の試行（モンテカルロステップ）の後に水夫のいる位置と原点との距離を計算している．横軸が時間に相当しているが，1次元系の場合にデータの凹凸が大きい．2次元系では水夫の移動方向は360°どの方向でもよいことにしている．距離と時間の関係は2次元系の方が穏やかである．3次元系はもっとおとなしくなる．

水夫が1人しかいない場合を考えたが，複数の水夫がいる場合には水夫の動きが制限される．水夫の人数が多数になると，いわばにっちもさっちも行かない状況になる．これが，高濃度領域のパーコレーション状態に相当する．このような状態では，原子の拡散が非常に遅くなる．

このように，物理現象の中にも正規分布が関与するものがある．日常的な現象の中にも正規分布が潜んでいるので興味深い．

練習問題

1. 次の数があるとき，四則演算の結果を誤差とともに示せ．
   $A=3.56(4)$，$B=10.22(2)$，$C=0.54(3)$
   1.1　$A+B+C$，$A-B+C$，$2A+B-C$，$A+B-10C$
   1.2　$A\cdot B$，$B\cdot C$，$A\cdot B\cdot C$，A/B，$B\cdot C/A$，$B\cdot C/A$
   1.3　$\log_e A+\log_e B$，$\sin B\cdot\cos C$，$|A|\cdot|C|$
2. 底辺が5.2(2)cmの正三角形で，高さ10.3(2)cmの三角錐がある．次の問いに答えよ
   2.1　底面の面積
   2.2　三角錐の体積
   2.3　3斜面の面積の合計
3. 半径5.24(3)cmの球がある．
   3.1　表面積
   3.2　体積
4. 底辺と高さが測定された3つの三角形からなる土地がある．全体の面積を求めよ．ただし，長さはJIS 1級の巻き尺(誤差が50 mにつき，5.2 mm)で計測した．
   4.1　底辺53.36 m，高さ22.67 m
   4.2　底辺77.27 m，高さ66.23 m

4.3 底辺 22.22 m，高さ 10.50 m

5. 酔歩問題のシミュレーションプログラムを作成し，結果を図示せよ．

一辺 a の正方格子を τ 秒に１回酔歩する水夫のたどる経路を，擬似乱数を用いてシミュレーションせよ．

5.1 原点からの距離を 1500 ステップごとに計算し，30 回それを繰り返す．

5.2 水夫の辿った経路を 1500 回だけ図示せよ．

5.3 擬似乱数の出発につかう数字を変えて経路を 1500 回分図示せよ．

5.4 長さ a の立方体の辺を経路とした場合のシミュレーションプログラムを作り，原点からの距離を 1500 ステップごとに計算し，それを 30 回繰り返して，時間と距離の関係を図示せよ．

第4章　最小二乗法
(least squares method, method of least squares)

最小二乗法は，回帰関数が1次関数の場合は比較的簡単だが次数が増えると取り扱いが複雑になる．最小二乗法で決められた関数の信頼度や誤差について考える．

4.1 直線回帰 (linear regression)

x をパラメータとして，y の値を測定したとしよう．電気抵抗率の温度変化を測定するような場合である．測定には常に誤差や揺らぎがある．x と y の関係に直線，$y=a+bx$ (a，b は定数) 関係があると仮定できる場合が多い．

いま，図4.1左のデータがあったとする．これをプロットして，x と y との直線関係が成り立つとして，線を引いてみる (EXCELを使っている)．

図のように，直線の式，$y=a+bx$ を回帰関数とする場合,「直線回帰」と呼んでいる (図中の式は $y=ax+b$ になっている)．パラメータ a と b を決めるため

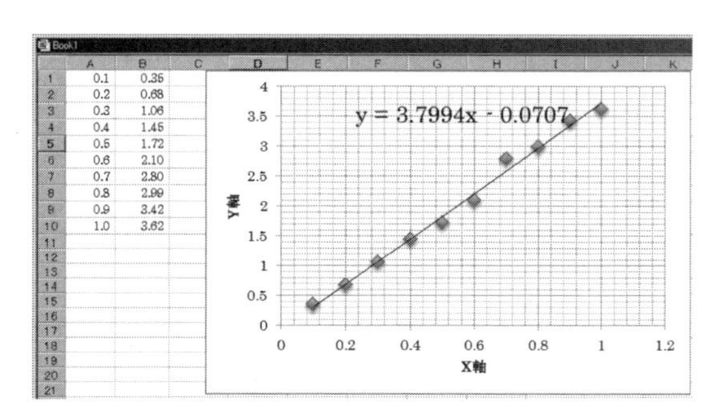

	A	B
1	0.1	0.35
2	0.2	0.68
3	0.3	1.06
4	0.4	1.45
5	0.5	1.72
6	0.6	2.10
7	0.7	2.80
8	0.8	2.99
9	0.9	3.42
10	1.0	3.62

図4.1　直線回帰したデータの例

に「最小二乗法」を用いる．最小二乗法とは，回帰関数とデータの差が最小になるように，最適なパラメータを求めることである．

回帰関数が１次関数の場合，次の計算を行う．

最小となるべき残差二乗和，S，を定義する．

$$S=\sum_{i=1}^{n}d_i^2=\sum_{i=1}^{n}\{y_i-(a+bx_i)\}^2 \tag{4-1}$$

S が最小となる，a と b の値を決める．そのためには，

$$\frac{\partial S}{\partial a}=\frac{\partial S}{\partial b}=0 \tag{4-2}$$

の関係が満たされるようにする．式 (4-2) から，

$$\frac{\partial S}{\partial a}=(-1)\sum_{i=1}^{n}\{y_i-(a+bx_i)\}=0 \tag{4-3}$$

$$\frac{\partial S}{\partial b}=(-1)\sum_{i=1}^{n}x_i\{y_i-(a+bx_i)\}=0 \tag{4-4}$$

従って，次のような簡単な２元１次方程式が得られる．

$$\sum_{i=1}^{n}y_i=a\sum_{i=1}^{n}1+b\sum_{i=1}^{n}x_i\ , \qquad \sum_{i=1}^{n}x_iy_i=a\sum_{i=1}^{n}x_i+b\sum_{i=1}^{n}x_i^2 \tag{4-5}$$

a と b に関する方程式が得られたので，ただちに行列式を解いて解を求める．

$$a=\frac{\sum y_i\sum x_i^2-\sum x_iy_i\sum x_i}{\Delta}\ , \qquad b=\frac{n\sum x_i\,y_i-\sum x_i\sum y_i}{\Delta}$$

ただし，

$$\Delta=n\sum x_i^2-\left(\sum x_i^2\right)^2=n\sum(x_i-\bar{x})^2 \tag{4-6}$$

$\bar{x}$ は x の平均値である．

回帰関数のパラメータについての計算は，たいがいの科学計算用のカリキュレータに，関数機能として入っているので，是非確認してほしい．

パソコンの EXCEL プログラムで回帰直線を決めることも可能である．

①データを入力後，グラフ表示したいデータの領域を決めて「挿入」のボタンを押して「グラフ表示」⇒「散布図」⇒「（図の中に線のない）散布図」とする．

②入力図面が現れる．メニューの中の「近似曲線」を押す⇒「線形近似曲線」を押す．すると回帰直線が図面に現れる．

③直線にマウスを合わせて左クリック．メニューが出るので,「オプション」を選ぶ．メニューの中の「グラフに数式を表示する」にチェックを入れると回帰直線の脇に数式が現れる．図 4.1 右の挿入図はそのようにして作図したものである．

次のステップは，そうして得た回帰関数がどの程度信頼できるものか，つまり，パラメータ a と b に含まれる誤差（標準偏差）はどの程度か評価する．

まず，図式法で概算してみる．ばらついたデータの標準偏差（RMS）を推定する方法に 4σ 法があることをすでに学んでいる．これを用いて，図式法で誤差を求めてみよう．あまり良くないデータがあって，図 4.2 のようなプロットができた．データを 95％程度包括できる平行線を 2 本引いてみる．

2 本の平行線の中心線が回帰直線になる．その 2 本の平行線に対角線を引く．対角線は傾き b の最大値と最小値に相当している．従って，平行線の間隔がパラメータ a の標準偏差の 4 倍，対角線の傾きの差がパラメータ b の標準偏差の 4 倍にほぼ等しい．

実際に計算した結果，図に示したデータに対して，最小二乗法では，a=

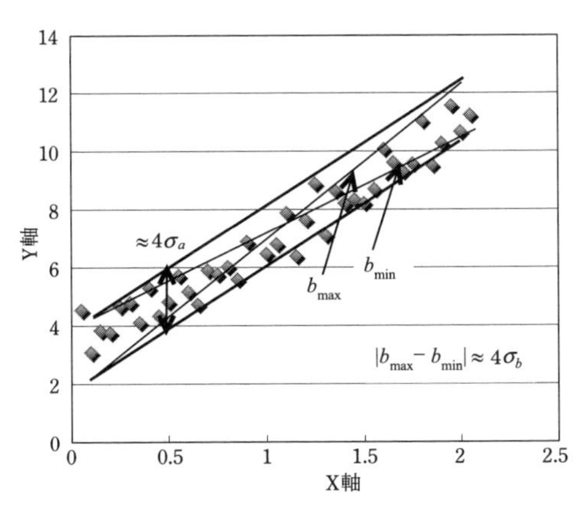

図 4.2　ばらつきの大きいデータのプロットと回帰直線のパラメータの標準偏差の概算

3.1338, b=3.7952 である．図式法で求めた値は，a=3.13，b=3.80 であり，ほぼ等しい．また，図式法で求めた標準偏差は，σ_a=0.5，σ_b=0.5 である．次節で計算式を示すが，解析解では，σ_a=0.19，σ_b=0.16 になるので，図式解は少し大きめながら，ほぼ満足すべき値と言える．

4.2 パラメータの標準偏差

直線回帰に用いたパラメータ，a と b にはデータのバラツキに起因した誤差が伴う．パラメータ a と b の標準偏差（誤差）は正規方程式 (4-5) から計算する．

正規方程式を行列表示してみる．

$$\begin{bmatrix} \sum y_i \\ \sum x_i y_i \end{bmatrix} = \begin{bmatrix} n & \sum x_i \\ \sum x_i & \sum x_i^2 \end{bmatrix} \begin{bmatrix} a \\ b \end{bmatrix} \tag{4-7}$$

右辺の 2×2 行列が正規行列であり，$\left[G_{ij}\right]$ と書いて，その逆行列を $\left[G_{ij}\right]^{-1}$ と書く．従って，

$$\begin{bmatrix} \sum y_i \\ \sum x_i y_i \end{bmatrix} = \left[G_{ij}\right] \begin{bmatrix} a \\ b \end{bmatrix} \tag{4-8}$$

$$\left[G_{ij}\right]^{-1} \begin{bmatrix} \sum y_i \\ \sum x_i y_i \end{bmatrix} = \begin{bmatrix} a \\ b \end{bmatrix} \tag{4-9}$$

a と b の標準偏差は正規行列の逆行列の対角成分の平方根に比例する．式で示すと，

$$\sigma_a = \sqrt{G_{11}^{-1}} \cdot \sigma_y \ , \quad \sigma_b = \sqrt{G_{22}^{-1}} \cdot \sigma_y \tag{4-10}$$

ただし，σ_y は次のように定義される回帰関数とデータの差に関する標本標準偏差である．

$$\sigma_y = \sqrt{\frac{1}{n-2} \sum_{i=1}^{n} \{y_i - (a + bx_i)\}^2} \tag{4-11}$$

標本標準偏差の計算では，自由度 $n-2$ で割っている．これは，標本の数，n，からパラメータの数，2，だけ，自由度が減っていることによる．

正規行列の逆行列を計算するのは，2×2 の正規行列なら簡単である．

$$\left[G_{ij}\right]^{-1} = \begin{bmatrix} \dfrac{\sum x_i^2}{\Delta} & -\dfrac{\sum x_i}{\Delta} \\ -\dfrac{\sum x_i}{\Delta} & \dfrac{n}{\Delta} \end{bmatrix} \tag{4-12}$$

Δ は式 (4-6) と同じである．

式 (4-10) を具体的に書き下すことが可能になった．次のようになる．

$$\sigma_a = \sqrt{\frac{\sum x_i^2}{\Delta}} \cdot \sigma_y \ , \quad \sigma_b = \sqrt{\frac{n}{\Delta}} \cdot \sigma_y \tag{4-13}$$

この式は簡単で，覚えやすいので，是非記憶しておいてほしい．

4.3 回帰関数の誤差

回帰関数のパラメータに誤差があると，回帰関数全体の誤差もある．計算した回帰関数がどの程度信頼できるのかを計算する．

直線回帰の場合，2 つのパラメータ，a と b の標準偏差が計算できたので，y について 1σ 領域を次のように書くことができる．

$$y(x) = a + bx \pm \sqrt{\sigma_a^2 + \sigma_b^2 \cdot (x - \bar{x})^2} \tag{4-14}$$

もしも，計算に用いたデータの数が少ないと，すでに説明した t 分布から，この領域には正規分布で保証されている 68％の信頼性は確保できない．例えば，標本数が 10 ならば，自由度は 8 になるので，EXCEL の

T.INV.2T(0.32,8)＝1.06 から，68％領域は，

$$y(x) = a + bx \pm 1.06\sqrt{\sigma_a^2 + \sigma_b^2 \cdot (x - \bar{x})^2} \tag{4-15}$$

T.INV.2T(0.05,8)＝2.306 から，95％領域は，

$$y(x) = a + bx \pm 2.306\sqrt{\sigma_a^2 + \sigma_b^2 \cdot (x - \bar{x})^2} \tag{4-16}$$

で与えられる.

式(4-15)と(4-16)からわかるように，回帰直線の誤差はxの平均値，$\bar{x}$，の付近が一番小さく，そこから外れるに従って大きくなる.

図4.3に図4.1で示したデータの回帰関数と，その周辺の95%領域を示す．ただし，a，b，σ_a，σ_bはそれぞれ，−0.07, 3.80, 0.07, 0.115である.

図4.3から理解できるように，回帰関数にはかなり大きな誤差がある．図4.1にあるような数字のたくさん書いてある回帰関数をそのまま真実のように考えてはいけない.

EXCELにはStatPlusという統計計算用プログラムがリンクされている．その起動方法はパソコンの種類によって違っている．WS系は「アドイン」を再構成(一番左のボタンを押して「アドイン」を選ぶ.「分析ツール」を選択)する．Mac系の場合はフリーウェアのStatPlusをインストールする．以下WS系の場合について説明するが，Mac系の場合，StatPlusをEXCELと同時に開けばよい．入力パラメータなどはWS系と同じである.

① EXCELを立ち上げてデータを表の中に書き込む(例えば図4.1の中のデータについてA列はX軸，B列はY軸のデータ)．EXCELの基本操作の画面の上にある各種のスイッチ(タブ)の中心付近に「データ」スイッチがある.

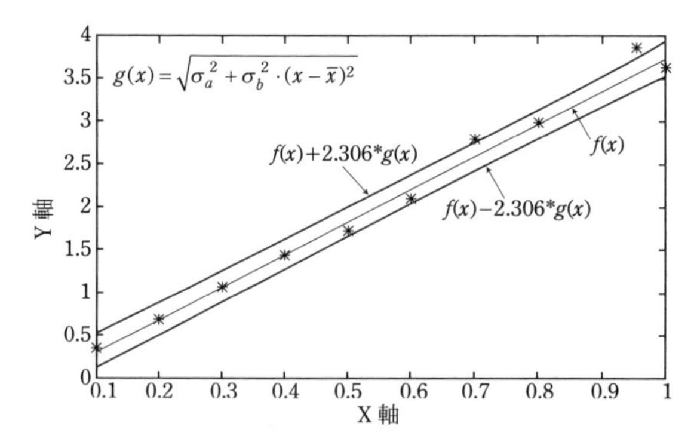

図4.3　太線の内側が図4.1のデータに対する回帰関数の95%信頼区間である.

それを押す.

②分析ツールが(正しくアドインされて)インストールされていれば，2段目の各種コマンドの帯の右端に「データ分析」のスイッチが出ている. それを押す.

③データ分析する方法についてのメニューが出てくるので,「回帰分析」を選ぶ.

④入力画面が出てくる. そこにY軸の範囲($B$1: $B$10)とX軸の範囲($A$1:$A$10)を入力. 残差などの表示について必要なスイッチをチェック. すると式(4-7)から(4-13)までの計算が行われて添付の表が出てくる(表4.1).

切片が−0.070667その標準偏差が0.0714392，X値1(勾配)が3.7993939，標準偏差が0.1151348になっている. この値は入力画面中のデフォルトのスイッチで95%信頼区間を選んだ結果である.

従って，回帰関数のa，b，σ_a，σ_bはそれぞれ，−0.07，3.80，0.07，0.115になった. これらの値は前に示した計算値と同じである.

表4.1　EXCELの統計計算用プログラムStatPlusを利用した表

概要

回帰統計	
重相関R	0.9963469
重決定R2	0.9927072
補正R2	0.9917956
標準誤差	0.1045763
観測数	10

分散分析表

	自由度	変動	分散	観測された分散比	有意F
回帰	1	11.9092	11.9092	1088.969396	7.757E−10
残差	8	0.0874897	0.0109362		
合計	9	11.99669			

	係数	標準誤差	t	P−値
切片	−0.070667	0.0714392	−0.989186	0.35154306
X値1	3.7993939	0.1151348	32.999536	7.757E−10
	下限95%	上限95%	下限95.0%	上限95.0%
切片	−0.235406	0.0940725	−0.235406	0.0940725
X値1	3.5338927	4.0648952	3.5338927	4.0648952

残差出力

観測値	予測値：Y	残差
1	0.3092727	0.0407273
2	0.6892121	−0.009212
3	1.0691515	0.009152
4	1.4490909	0.0009091
5	1.8290303	−0.10903
6	2.2089697	−0.10897
7	2.5889091	0.2110909
8	2.9688485	0.0211515
9	3.3487879	0.0712121
10	3.7287273	−0.108727

4.4 回帰関数が2次式, $y=a+bx+cx^2$ で与えられる場合の誤差

式(4-7)に相当する正規方程式は次式のようになる.

$$\begin{bmatrix} \sum_i y_i \\ \sum_i x_i y_i \\ \sum_i x_i^2 y_i \end{bmatrix} = \left[G_{ij}\right] \cdot \begin{bmatrix} a \\ b \\ c \end{bmatrix} = \begin{bmatrix} \sum_i 1 & \sum_i x_i & \sum_i x_i^2 \\ \sum_i x_i & \sum_i x_i^2 & \sum_i x_i^3 \\ \sum_i x_i^2 & \sum_i x_i^3 & \sum_i x_i^4 \end{bmatrix} \begin{bmatrix} a \\ b \\ c \end{bmatrix} \tag{4-17}$$

パラメータ a, b, c は正規行列 $\left[G_{ij}\right]$ の逆行列 $\left[G_{ij}\right]^{-1}$ を求めて式の左辺と右辺に掛け算すれば計算できる.

各パラメータの標準偏差, σ_a, σ_b, σ_c は式(4-10)に倣って, 逆行列の対角要素 $(G_{ii}{}^{-1})$ から, 次のように計算できる.

$$\sigma_a = \sqrt{G_{11}^{-1}} \cdot \sigma_y,\ \sigma_b = \sqrt{G_{22}^{-1}} \cdot \sigma_y,\ \sigma_c = \sqrt{G_{33}^{-1}} \cdot \sigma_y \tag{4-18}$$

ただし,

$$\sigma_y = \sqrt{\frac{S}{N-3}} = \sqrt{\frac{\sum_i \{y_i - (a + bx_i + cx_i^2)\}^2}{N-3}} \tag{4-19}$$

分母の $N-3$ は自由度が3個のパラメータの数だけ減ったことによる.

次のデータ(表4.2)について, これらの計算を実施してみよう. 表計算プログラムEXCELやフリーウェアのgnuplotを利用して計算してみよう.

直線回帰の場合と2次関数回帰の場合, 各パラメータは表4.3のようになる.

データの数 N が充分に大きいと判断できるので, これらの回帰関数の95%信頼区間を正規分布を仮定して計算する.

直線回帰の場合の95%信頼区間は,

$$y = a + bx_i \pm 2.0\sqrt{\sigma_a{}^2 + \sigma_b{}^2 (x_i - \bar{x})^2} \tag{4-20}$$

を用いて計算できる.

表 4.2　仮想的な実験データ

x	y	x	y	x	y	x	y
0.05	4.5233	0.55	5.7213	1.1	7.869	1.6	10.076
0.1	3.083	0.6	5.164	1.15	6.3712	1.65	9.6152
0.15	3.8233	0.65	4.7413	1.2	7.626	1.7	9.311
0.2	3.774	0.7	5.905	1.25	8.8833	1.75	9.5592
0.25	4.6733	0.75	5.7733	1.3	7.107	1.8	11.042
0.3	4.805	0.8	6.018	1.35	8.633	1.85	9.5133
0.35	4.1252	0.85	5.5833	1.4	8.204	1.9	10.275
0.4	5.296	0.9	6.889	1.45	8.3273	1.95	11.567
0.45	4.3352	1	6.472	1.5	8.233	2	10.662
0.5	4.829	1.05	6.7952	1.55	8.6912	2.05	11.233

表 4.3　直線回帰と２次関数回帰の場合

回帰関数	$y=a+bx$	$y=a+bx+cx^2$
a	3.1338	3.5814
b	3.7952	2.5290
c	—	0.6037
σ_y	0.5898	0.5648
Δ	573.59	2232.05
G_{11}^{-1}	0.1023	0.2435
G_{22}^{-1}	0.0697	1.2001
G_{33}^{-1}	—	0.2569
σ_a	0.1886	0.2787
σ_b	0.1558	0.6188
σ_c	—	0.2863

２次関数回帰の場合の 95％信頼区間は，

$$y = a + bx_i + cx_i^2 \pm 2.0\sqrt{\sigma_a^2 + \sigma_b^2(x_i - \bar{x})^2 + \sigma_c^2(x_i - \bar{x})^4} \tag{4-21}$$

を用いて計算できる．N がそれほど大きくない場合には，$\sqrt{\ }$記号の前の係数を t 分布関数から求める．

図 4.4 は直線回帰の場合である．図 4.5 は２次関数回帰の場合である．各パラメータの標準偏差からも明らかだが，パラメータの数が増えると，パラメータ自身の標準偏差も増える．図示したように，２次関数回帰の場合の方が 95％

信頼区間が広くなっているので，信頼性がその分だけ低くなっている．一方，回帰関数と標本との一致を示す分散 σ_y は回帰関数の次数が増えると減少するので良さそうに見えるが，パラメータの数が増えるに従い，パラメータ自体の信頼性が低下するので，回帰関数の次数を増やす利益があまりない．

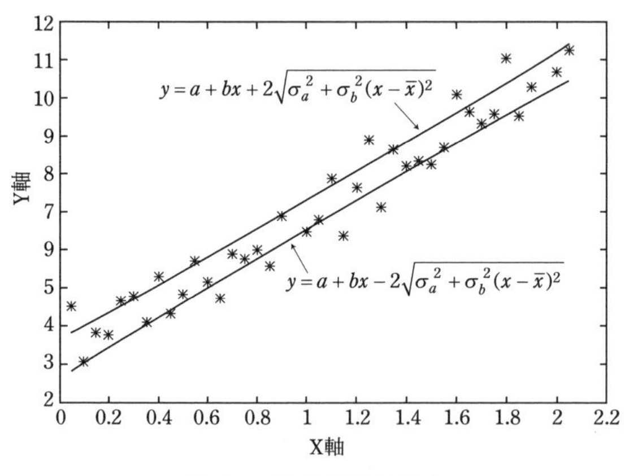

図 4.4 直線回帰の場合

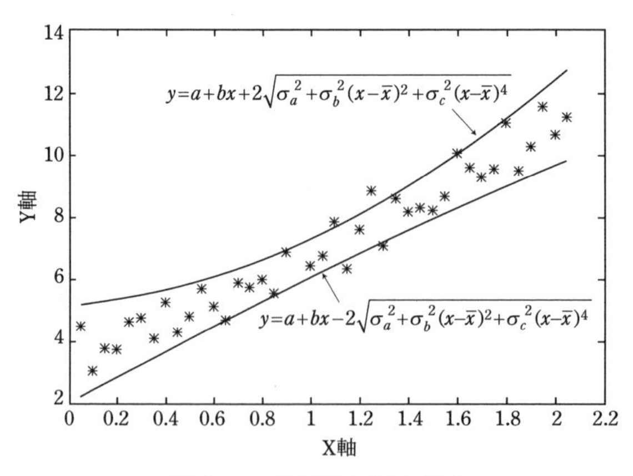

図 4.5 2次関数回帰の場合

4.5 解析関数ではない関数への回帰

解析関数（線形関数）を用いた回帰分析は正規方程式を立てることで実施できることを学んだ．回帰関数に複雑な関数が含まれる場合，最小二乗法は複雑になるが，関数を Taylor 展開することが可能なら，解析関数に展開した近似式を作ることができるので，正規方程式が書ける．

複雑な回帰関数を使う場合に，EXCEL と gnuplot は違った方法を採用しており，前者では関数の微分を計算できる場合に限って解が得られる．一方，gnuplot は回帰関数の種類によらず，逐次近似法でパラメータの最適解を求めるので自由度が大きい．パラメータの標準偏差はどちらのプログラムもパラメータの算出と同時に計算する．

通常使われる近似法はNewton法とMarquardt法であり，後者が使われるケースが多い．逐次近似法の詳細は他書を参照していただきたい．

4.6 GNUPLOT による回帰関数の決定

本題と少し離れるが，gnuplot を使えば回帰関数を手持ちの PC で簡単に計算でき，EXCEL を使うよりも自由度が高い．OS が Linux 系（マック OS も含めて）の場合にも Windows 系の場合にも対応する．gnuplot をインターネットで捜して，自分の使う PC に取り込んで使う．

① Windows 系の場合，gnuplot が次の URL にある．

http://www.tatsuromatsuoka.com/gnuplot/Eng/winbin/

Zip ファイルを解凍すると，3 種類の実行ファイルが現れる．どれを使っても，同じ結果になるが，処理方法がメニューになっている実行ファイル，wgnuplot_pipes.exe がお勧めである．

② Linux 系の場合は，gnuplot の HP；

http://www.gnuplot.info/

から直接プログラムを入手する．その後適切な directory でプログラムを解凍すればよい．

コマンドレベルで，GNUPLOT ないし，gnuplot と入力すれば起動する．

③いずれのシステムでも，回帰関数としては $y=a+bx$ のような線形関数だけでなく，三角関数，対数関数，指数関数などを含む非線形関数にも回帰できる．計算は逐次近似法によっている．

④計算に先立って，データファイルを用意する．データ形式は1行に x_i と y_i ないし，z_i 等複数のデータを書き，各行の最後に CR・LF ないし LF・CR を入れたものである．前出の表4.2 のデータを HW1.dat ファイルに入れて（1行に x_i と y_i を入れて改行）用いる．

⑤回帰関数を $y=a+bx+cx^2$ とした場合の計算結果を示す．

入力したコマンドは，次の2行である．

```
gnuplot> g(x)=a+b*x+c*x*x
gnuplot> fit g(x) "HW1.dat" using 1:2 via a,b,c
```

出力は次のようになる．

```
FIT:    data read from "HW1.dat" using 1:2
        #datapoints = 40
        residuals are weighted equally (unit weight)
function used for fitting: g(x)
fitted parameters initialized with current variable values
Iteration 0
WSSR        : 540.523         delta(WSSR)/WSSR   : 0
delta(WSSR) : 0               limit for stopping : 1e–05
lambda      : 1.44807
initial set of free parameter values
a           = 1
b           = 1
c           = 1
After 4 iterations the fit converged.
final sum of squares of residuals : 11.8046
rel. change during last iteration : –1.30496e–12
```

```
degrees of freedom    (FIT_NDF)                        : 37
rms of residuals    (FIT_STDFIT) = sqrt(WSSR/ndf)  : 0.56484
variance of residuals (reduced chisquare) = WSSR/ ndf   : 0.319045
Final set of parameters    Asymptotic Standard Error
==========================
a             = 3.58135        +/– 0.2787      (7.782%)
b             = 2.52898        +/– 0.6188      (24.47%)
c             = 0.603651       +/– 0.2863      (47.43%)
correlation matrix of the fit parameters:
              a         b         c
a             1.000
b             –0.875    1.000
c             0.762     –0.971    1.000
```

計算の結果得られたパラメータ，a，b，c とその誤差は前出の解析解とほぼ一致している．計算法が逐次近似法であるにもかかわらず一致がよい．

逐次近似法でも解析法と同様に正規行列 $\left[G_{ij}\right]$ を計算して各パラメータを求めている．従って，その誤差は解析法の場合に示した式 (4-18) ないし (4-19) と同様になる．

つまり，回帰関数と実験値の間の偏差の分散 σ_y(root mean squres : rms) と正規行列の逆行列の対角成分の平方根との掛け算 $\sigma_i = \sqrt{G_{ii}^{-1}} \cdot \sigma_y$ になる．

4.7 非線形回帰関数に対する最小二乗法

数学的には，正規方程式を立てることができないが，線形近似法を使って近似的な正規方程式を作って解く方法が，gnuplot では採られている．

パラメータが n 個あった場合，その初期値を適切に選び，わずかな増加分を考慮する．

パラメータ，x_1 の初期値を x_{01} としてその増加分を ξ_1 とする．

$$x_1=x_{01}+\xi_1 \tag{4-22}$$

回帰関数 $f(x_1,\ x_2,\ x_3,\ \cdots,\ x_n)$ を近似的に，

$$\begin{aligned} &f(x_1,\ x_2,\ \cdots,\ x_n)\\ &=f_0(x_{01},\ x_{02},\ \cdots,\ x_{0n})+\left(\frac{\partial f}{\partial x_1}\right)\xi_1+\left(\frac{\partial f}{\partial x_2}\right)\xi_2+\cdots+\left(\frac{\partial f}{\partial x_n}\right)\xi_n \end{aligned} \tag{4-23}$$

と書いて，変数が i 番目の値になったとき，回帰関数は $f(x_1,\ x_2,\ \cdots,\ x_n)_i$ になるため，

$$S=\sum_{i=1}^{N}\{y_i-f(x_1,\ x_2,\ \cdots,\ x_n)_i\}^2 \tag{4-24}$$

各パラメータについて S の微分を取り，全てがゼロになるパラメータの最適値を捜す．

$$\left(\frac{\partial S}{\partial \xi_1}\right)=\left(\frac{\partial S}{\partial \xi_2}\right)=\left(\frac{\partial S}{\partial \xi_3}\right)=\cdots=\left(\frac{\partial S}{\partial \xi_n}\right)\equiv 0 \tag{4-25}$$

従って，

$$\begin{aligned} &\sum_{i=1}^{N}\left(\frac{\partial f}{\partial x_1}\right)_i\left\{y_i-\left(f_0+\left(\frac{\partial f}{\partial x_1}\right)\xi_1+\cdots+\left(\frac{\partial f}{\partial x_n}\right)\xi_n\right)_i\right\}=0\\ &\sum_{i=1}^{N}\left(\frac{\partial f}{\partial x_2}\right)_i\left\{y_i-\left(f_0+\left(\frac{\partial f}{\partial x_1}\right)\xi_1+\cdots+\left(\frac{\partial f}{\partial x_n}\right)\xi_n\right)_i\right\}=0\\ &\vdots\\ &\sum_{i=1}^{N}\left(\frac{\partial f}{\partial x_n}\right)_i\left\{y_i-\left(f_0+\left(\frac{\partial f}{\partial x_1}\right)\xi_1+\cdots+\left(\frac{\partial f}{\partial x_n}\right)\xi_n\right)_i\right\}=0 \end{aligned} \tag{4-26}$$

これらの関係式を解けば，ξ_n が求まるので，x_n の初期値に足して，最初の最小二乗計算が完成する．新しい $x_1'\sim x_n'$ が決まったので，回帰関数が $f'(x_1',\ x_2',\ \cdots,\ x_n')$ になる．S を新しい回帰関数について計算し，前の値と比較する．もしも，S が減っていたら，さらに良いパラメータの組を式 (4-26) で計算する．S が増えていたら，前のパラメータの組の方が良かったと言うことになる．

このように，繰り返し計算によって，パラメータの最適値を捜す．計算機で計算しても，苦労の多いものになる．パラメータの初期値が良くない場合は，計算は収束せず，S が急速に増大し，「発散」する．

各パラメータの標準偏差は，正規方程式（近似的に正規方程式と呼んでいるだけである）の逆行列の対角成分の平方根から評価できる．まず，式 (4-26) を次のように変形する．

$$\sum_{i=1}^{N}\left(\frac{\partial f}{\partial x_1}\right)_i\{y_i - f_0(x_1,\cdots,x_n)_i\}$$
$$=\sum_{i=1}^{N}\left(\frac{\partial f}{\partial x_1}\right)_i^2\xi_1 + \sum_{i=1}^{N}\left(\frac{\partial f}{\partial x_1}\right)\left(\frac{\partial f}{\partial x_2}\right)_i\xi_2 + \cdots + \sum_{i=1}^{N}\left(\frac{\partial f}{\partial x_1}\right)\left(\frac{\partial f}{\partial x_n}\right)_i\xi_n$$
$$\sum_{i=1}^{N}\left(\frac{\partial f}{\partial x_2}\right)_i\{y_i - f_0(x_1,\cdots,x_n)_i\}$$
$$=\sum_{i=1}^{N}\left(\frac{\partial f}{\partial x_2}\right)\left(\frac{\partial f}{\partial x_1}\right)_i\xi_1 + \sum_{i=1}^{N}\left(\frac{\partial f}{\partial x_1}\right)_i^2\xi_2 + \cdots + \sum_{i=1}^{N}\left(\frac{\partial f}{\partial x_2}\right)\left(\frac{\partial f}{\partial x_n}\right)_i\xi_n$$
$$\vdots$$
$$\sum_{i=1}^{N}\left(\frac{\partial f}{\partial x_n}\right)_i\{y_i - f_0(x_1,\cdots,x_n)_i\}$$
$$=\sum_{i=1}^{N}\left(\frac{\partial f}{\partial x_n}\right)\left(\frac{\partial f}{\partial x_1}\right)_i\xi_1 + \sum_{i=1}^{N}\left(\frac{\partial f}{\partial x_n}\right)\left(\frac{\partial f}{\partial x_2}\right)_i\xi_2 + \cdots + \sum_{i=1}^{N}\left(\frac{\partial f}{\partial x_n}\right)_i^2\xi_n \qquad (4\text{-}27)$$

この式は (4-26) と同値だが，ξ_i について見やすい形になっている．正規方程式の形になっているので，標準偏差を求めるためには，右辺の正規行列 $\left[G_{ij}\right]$ の逆行列を求めればよい．すなわち，データと回帰関数の適合性についての標準偏差 σ_y を S から求めて，

$$\sigma_y = \sqrt{\frac{S}{N-n}} \qquad (4\text{-}28)$$

i 番目のパラメータ x_i の標準偏差は，ただちに次式から求めることができる．

$$\sigma_i = \sqrt{G_{ii}^{-1}} \cdot \sigma_y \tag{4-29}$$

非線形回帰関数に対する繰り返し計算が収束しない場合，収束に近い状態まで，正規方程式 (4-27) の対角項だけを考えて，パラメータの改善を図っている．収束状態に近くなってから，非対角成分を計算に入れて，パラメータの最終的な最適値を求める方法を採用している．これを Levenberg-Marquardt 法（簡単にはマルカル法）と呼んでいる．

超越（非線形）方程式の数値解法と同様に，非線形回帰関数に対する最小二乗法には，最傾角法 (Newton-Raphson 法)，2 分法，モンテカルロ法などの適用が可能である．しかし，決定された各パラメータの標準偏差の計算には，式 (4-27) から (4-29) までを使うことになる．

4.8 見かけ上の非線形関数への回帰

市販の科学計算用カリキュレータには，様々な回帰関数が用意されている．例えば，C 社のものには，$y=a \cdot b^x$，$y=a \cdot x^b$ が用意されており，S 社のものには，これらに加えて，$y=a \cdot e^{bx}$，$y=a+b\ln x$，$y=a+b/x$ が用意されている．後の 2 つの関数への回帰では，変数 $\ln x$ を z と置いたり，$1/x$ を z と置けば，通常の直線回帰問題になる．また，$y=a \cdot b^x$，$y=a \cdot x^b$，$y=a \cdot e^{bx}$ に対する回帰問題でも，両辺の対数を取れば，直線回帰問題に変わる．すなわち，$\ln y=\ln a+x\ln b$，$\ln y=\ln a+b\ln x$，$\ln y=\ln a+bx$ となるので，変数 y の対数を取るか，変数 x と y の両方の対数を取れば，直線関係として近似できる．ただし，変数 x も y も特異点を含んでいたり，負の領域がある場合はこの計算に意味がなくなるので，注意が必要である．

例題

1. 次のデータに対して，回帰関数 $y=a \cdot e^{bx}$ を仮定してパラメータ a, b の最適値を求めよ．

x	1	2	3	4	5	6
y	1.30	1.12	0.98	0.80	0.71	0.61

[解答] 非線形関数に対する回帰曲線を直接カリキュレータ等を使って求めてもよいが，回帰関数の自然対数を取ると通常の線形な関係が得られる．

$\ln(y)=\ln(a)+bx$

EXCEL を使って y 切片，勾配，および標準偏差を求めると，次のようになる．

$\ln(a)=0.418\pm0.017,\quad b=-0.153\pm0.004$

gnuplot を使って，元の式，$y=a\cdot e^{bx}$，の最適解をもとめてみると，次の値が得られる．

$a=1.52\pm0.02,\quad b=-0.153\pm0.004$

2. 求めたパラメータ a, b の標準偏差を求めよ．

[解答] 上に得られた答から，$\ln(a)$ と b の標準偏差はそれぞれ 0.017 と 0.004，gnuplot によって求めた a と b の標準偏差は 0.02 と 0.004 である．

3. 観測値 x_i，y_i の組に対して，決定された回帰関数の 95％信頼区間をデータとともに図示せよ．ただし，$p=0.025$ に対する $t\,(n=4)$ は 2.776 である．

[解答] 式 $\ln(y)=\ln(a)+bx$ で考えた場合，式 (4-20) が使えるが，自由度が 4 なので，平方根に掛けられる係数は 2.0 ではなく，2.776 になる．そのようにして作図したものが下の図面である．

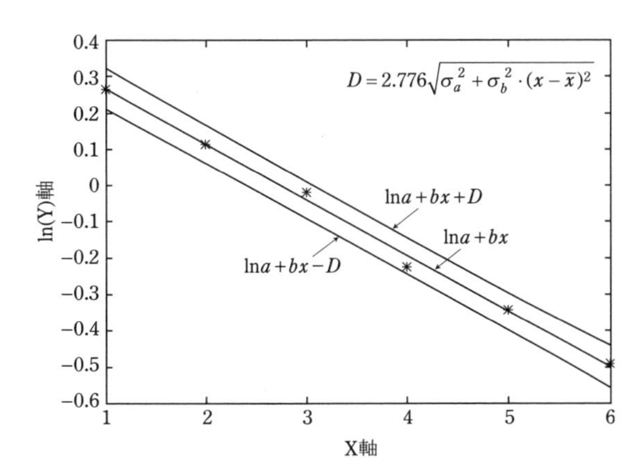

元々の回帰関数は $y = a \cdot e^{bx}$ だった．掛け算の誤差は相対誤差を使って求めることになる．係数と指数関数の相対誤差は次式のようになる．

$$\delta_a = 0.02/1.52 = 0.013$$

$$\begin{aligned}\delta_b &= \left(\frac{\partial(e^{bx})}{\partial x}\right) \times 0.004 \times (x-3.5)/e^{bx} \\ &= be^{bx} \times 0.004 \times (x-3.5)/e^{bx} \\ &= -0.153 \times 0.004 \times (x-3.5)\end{aligned}$$

従って，自由度4の回帰関数の95％領域は2つの相対誤差の二乗和の平方根に2.776を掛け算した相対誤差から求める．

$$y(x) = ae^{bx}(1 \pm 2.776\sqrt{\delta_a^2 + \delta_b^2})$$

この式から95％領域を計算したものが下図である．

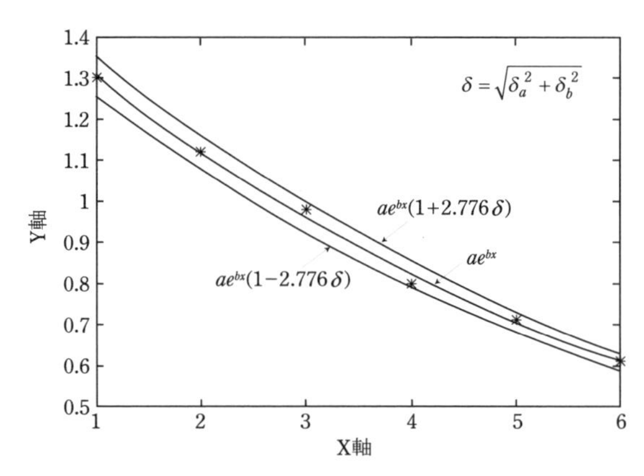

4.9 部分的な回帰関数の適用

物理現象には，変数 x の範囲によって，直線的な関係になる領域と指数関数的に変化する領域をもつものがある．金属や半導体の電気抵抗率の温度変化や，比熱温度曲線などがこれに当たる．また，磁気転移に伴う磁化の温度変化のように，相転移点付近で，特定の理論式に沿った変化がある場合もある．

回帰関数への回帰は変数の全領域に対して，適用する必要がないことを認識しておいてほしい．よほど完璧な理論曲線が与えられない限り，変数の全領域で使える回帰関数はないと考えた方がよい．物理情報として，必要なパラメータを観測するのが実験の目的なので，例え，その観測値が，狭い領域の場合に限定されていても，充分に意味のある物理測定になっている．

回帰計算では，パラメータの数が増えると，各パラメータの標準偏差が増える．パラメータを増やすと，正確性が低下することも多い．なるべく少ないパラメータで回帰計算を行うことにより，無理のない物理・化学測定結果の解釈ができる．

注意すべき点は，回帰関数が精度良く決まったために，正しい測定ができたわけではないということである．測定量 y と変数 x の間の関係が「ある標準偏差（誤差）の範囲内で相関していることがわかった．」と言うに過ぎない．

4.10 Fourier Filter（フーリエフィルター）

与えられた関数の Fourier 変換を行って，その関数に含まれる様々な波長の三角関数成分の寄与を Fourier 積分で求める．観測量の時間変化を一定の時間内で貯め，そのデータ，$f(x)$，に対して Fourier 変換を行う．

$$F(k) = \frac{1}{2\pi}\int_0^{2\pi} f(x)\exp(-ikx)dx \qquad (4\text{-}30)$$

波数 $k=2\pi/\lambda$ 成分の強度，$F(k)$，だけを測定することができる．この方法を Fourier Filter 法と呼んでおり，レコードの録音などにも利用されているものの，実行には注意が必要である．上記の積分計算範囲が三角関数の波長と一致していればよいが，そうではない場合には計算結果に誤差を生じる．最近の測定器には高速フーリエ変換（Fast Fourier Transformation, FFT）プログラムを内蔵していて，測定値に Fourier Filter 後のデータを示すものもある．

4.11 Fourier Deconvolution（フーリエ分解）

観測されたスペクトル，$f(x)$，に何本かのピークが含まれていて，それらは，どこにあるのか，ピークの強度は何か，を精度良く決める方法の一つが Fourier 分解法 (Deconvolution) である．あらかじめ，測定装置で観測されるはずのピークの形，すなわち分解能関数 (resolution function, $g(x-x_0)$) を決めておく．多くの場合は，Gauss 関数 $(A\exp(-(x-x_0)^2/b))$ と Lorentz 関数 $(A'/((x-x_0)^2+b'^2))$ の和になる．分解能関数 $g(x-x_0)$ の積分値が 1.0 になるように係数を定める．この関数を元の観測データのスペクトルに掛け算してスペクトル全体で積分する．

$$\frac{1}{T}\int_0^T g(x-x_0)f(x)dx=h(x_0) \tag{4-31}$$

x_0 を測定範囲全体でスキャンして $h(x_0)$ のスペクトル，$h(x)$，を得る．この $h(x)$ は $f(x)$ と同じところにピークを持つが，元の $f(x)$ よりもより鋭いピークを示す．ピークが重なるような場合にも複数のピークに分解する場合が多い．分解能関数 $g(x-x_0)$ と $f(x)$ 両方を Fourier 変換して $G(k,x_0)$ と $F(k)$ について

$$\text{convolution}=h(x_0)=\int_0^{k_f} G(k,x_0)F(k)dk$$

を計算すれば，上記と同じような鋭いピークが得られる．ただし，この際には，4.10「Fourier Filter」で述べたような，Fourier 積分範囲についてのやや厳しい条件が付く．Fourier 変換を経てスペクトルを鋭くする場合には，元のデータにあるバックグラウンドの凹凸が偽のピークをつくる場合があって，邪魔になる．その場合には，あらかじめ元のデータにスムージング処理をして，凹凸をならす等の工夫が必要である．

練習問題

1. 冒頭に示したデータについて，回帰関数を $y=a+bx$ として，カリキュレータ

などを用いて，計算せよ.

1.1　a と b を求めよ.

1.2　σ_a と σ_b を計算せよ.

1.3　回帰関数を $y=a+bx+cx^2$ と仮定して，a，b，c の値を求めよ.

1.4　直線回帰関数の，誤差領域 $(\pm\sigma_y)$ を図示せよ.

2. 次のデータがある．各問に答えよ.

x	3	4	5	6	7	8	9	10
y	6.22	6.28	8.59	9.18	9.57	12.62	12.65	15.39
x	11	12	13	14	15			
y	14.78	16.94	17.62	20.25	23.56			

2.1　回帰関数，$y=a+bx+cx^2$ を仮定して，a，b，c を求めよ.

2.2　回帰関数とデータを図示せよ.

2.3　σ_a，σ_b，σ_c を求めよ.

2.4　回帰関数の誤差領域 $(\pm\sigma_y)$ をデータとともに図示せよ.

3. 次のデータがある．各問に答えよ.

x	3	4	5	6	7	8	9	10
y	2.14	1.51	1.20	0.81	0.60	0.45	0.35	0.24
x	11	12	13	14	15			
y	0.16	0.12	0.09	0.07	0.06			

3.1　$y=a\cdot\exp(bx)$ を回帰関数として，a と b を求めよ.

3.2　σ_a と σ_b を求めよ.

3.3　回帰関数の95％信頼区間をデータとともに図示せよ.

第5章　適合性の検定
(goodness of fit test)

前章で，実験データなどの纏め方の一つとして，回帰直線ないし回帰曲線を引くことを知った．実験データなどをより的確に理解するため，その実験にまつわる理論から導かれる予想値と実験データがどの程度適合しているのか定量的に評価する必要がある．今回はその適合性の指標である「相関係数」と分布関数を利用した適合性の検定，すなわち「仮説の検定」について説明する．

5.1 回帰分析と相関係数

パラメータ(変数 x_i)が一つしかない実験の結果，データ，$y_1, y_2, y_3\cdots$が得られたとしよう．つまり，x_i と y_i の組が図 5.1 のように多数できたとする．

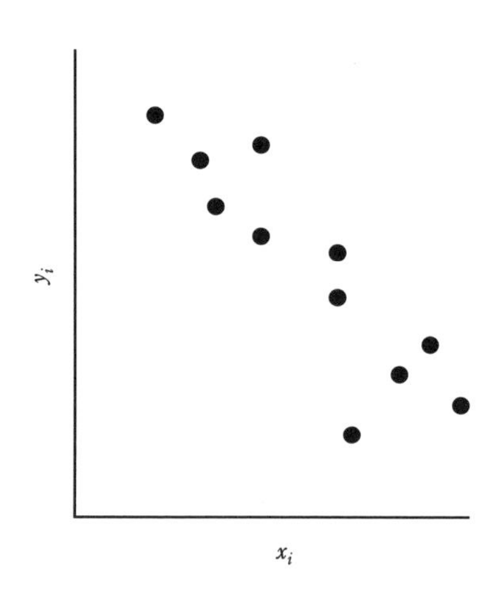

図 5.1　負の相関関係の図

この場合，x_i と y_i はおよそ線形の関係があることがわかる．図 5.1 の例では x_i の増加が y_i の減少と結びついている．このような x_i と y_i との関係を「負の相関関係」が成り立つと言う．逆に y_i が右肩上がりになっている場合は x_i と y_i とが「正の相関関係」にあると言う．

このような場合の回帰直線を，

$$y=\hat{b}(x-\overline{x})+\overline{y} \qquad (5\text{-}1)$$

と書くことができる（この式は第 4 章の回帰直線，$y=a+bx$ と同じものだが表現が少し異なる）．ここで，$\overline{x}$，$\overline{y}$，$\hat{b}$ はそれぞれ，x_i と y_i の平均値と比例係数（1次回帰関数の係数，b）である．すなわち，

$$\overline{x}=\frac{1}{n}\sum_{i=1}^{n}x_i,\quad \overline{y}=\frac{1}{n}\sum_{i=1}^{n}y_i,\quad \hat{b}=\frac{\sum_{i=1}^{n}(y_i-\overline{y})(x_i-\overline{x})}{\sum_{i=1}^{n}(x_i-\overline{x})^2} \qquad (5\text{-}2)$$

これらの式は，正規方程式から出発する最小二乗法の式 (4-9)，から計算できる．比例係数が正なら「正の相関関係」がある．

ところで，上の例に示した x_i と y_i との関係が密接なものか否かは回帰直線の計算には直接影響がない．どんなにばらばらな関係だったとしても式 (5-2) で，$\overline{x}, \overline{y}, \hat{b}$ それぞれの値が求まる．ばらばらな関係であれば，$\overline{x}, \overline{y}, \hat{b}$ の誤差が大きい．誤差が大きければ，“相関性が弱い”と述べることができるものの，もっと簡単に相関の程度を表す数学的な尺度として，「相関係数，ρ」がある．

回帰関数を設けて最小二乗法でパラメータを求める方法を「回帰分析」と呼んでいる．回帰関数が計算できたとしても，パラメータの誤差が大きいと分析精度が問題になる．

相関係数は次のように定義されている．

$$\rho=\frac{\sum_{i=1}^{n}(y_i-\overline{y})(x_i-\overline{x})}{\sqrt{\sum_{i=1}^{n}(y_i-\overline{y})^2}\sqrt{\sum_{i=1}^{n}(x_i-\overline{x})^2}} \qquad (5\text{-}3)$$

相関係数，ρ，は絶対値 $|\rho|$ が1よりも小さい数であり，ρ が正なら「正の相関」，負なら「負の相関」になる．また，絶対値 $|\rho|$ が1に近いほど相関性が高い．式(5-3)の分子にある，

$$\sum_{i=1}^{n}(y_i - \bar{y})(x_i - \bar{x})$$

を共分散（covariance）と呼んでおり，x_i と y_i の平均値 $\bar{x}$, $\bar{y}$ の周りの回転モーメントのようなものだと考えてよい．実験データの良し悪しはパラメータ x_i に対する測定量 y_i の相関係数から判断することもできる．

偏相関係数

2つ以上のパラメータがある場合，2つのパラメータ，x_i と y_i，の相関係数を ρ_{xy} と書くことにする．通常は y_i が x_i の従属変数になる．

第三のパラメータ z_i があって，それが x_i と y_i の従属変数になったり，y_i が x_i と z_i の従属変数になるような場合もある．これら3つのパラメータについて，組織的系統的に測定を行う．これら3つのパラメータが相関しているか否かを次に示す「偏相関係数」で評価する．

ρ_{xy} を測定で得た x_i と z_i との相関係数とし，xy, yz の組み合わせから ρ_{xy}, ρ_{yz} を求めて次の量を計算する．

$$\rho_{xy\cdot z} = \frac{\rho_{xy} - \rho_{xz}\rho_{yz}}{\sqrt{(1-\rho_{xz}^2)(1-\rho_{yz}^2)}} \tag{5-4}$$

式(5-4)で示した量 $\rho_{xy\cdot z}$ が偏相関係数であり，「パラメータ z_i を一定とした場合の y_i と x_i の相関係数」という意味になっている．同じようにして，$\rho_{xz\cdot y}$，$\rho_{yz\cdot x}$ を求めれば，それぞれの変数の間の相関を議論することができる．

これらの相関性の議論は観測点の数が5個や10個では本来無理であり，少なくとも50個以上のデータについて行うことが望ましい．

例題 1

1. 次の表に示した実験データがあるとき，変数 x と観測量 y の平均値，x と y と

の間の共分散と相関係数をそれぞれ求めよ（データ量が少ないが計算練習である）.

x	−6.4	−4.4	−2.4	−0.4	1.6	3.6	5.6
y	4.2	6.6	9.2	10.6	12.0	14.6	17.2

[解答] カリキュレータを使って地道に計算することを推奨するが，簡単にはEXCELを利用するとよい．まずA列とB列にxとyの7つのデータを入れる．次のコマンドを空欄の1つに入れる．

=COVARIANCE.S(A1:A7,B1:B7)/SQRT(VAR (A1:A7))/SQRT(VAR(B1:B7))

すると，相関係数0.9953が現れる．共相関はCOVARIENCE.Sと言う関数で計算できる．標準偏差は関数VARで計算する．

EXCELに組み込まれたStatPlusによって回帰直線を求めることができるが，その計算結果の1行目に"重相関"と言う項目があり，それが相関係数を示している．

2. 実験の結果，変数zもyの値に相関していることがわかった．次の表が得られたので，偏相関係数を計算して，変数xy，yz，およびxz間の相関性について述べよ．

x	−6.4	−4.4	−2.4	−0.4	1.6	3.6	5.6
y	4.2	6.6	9.2	10.6	12.0	14.6	17.2
z	7.2	3.4	2.5	−0.2	−2.2	−4.8	−10.2

[解答] EXCELを利用して計算した結果を記しておく．

$\rho_{xy}=0.99534$，$\rho_{xz}=-0.98205$，$\rho_{yz}=-0.98617$

$\rho_{xy\cdot z}=0.85977$，$\rho_{xz\cdot y}=-0.00348$，$\rho_{yz\cdot x}=-0.06404$

5.2 χ^2 検定

正規分布している母集団 $N(0, 1)$ の χ^2

$x=0$の周囲に正規分布している標準偏差が1.0の母集団から標本x_iをN個取り出す．そのx_iについて定義されたχ^2と呼ばれる統計量があり，

$$\chi^2 = \sum_{i=1}^{N} x_i^2$$

と定義される.

図 5.2 は標準偏差 σ が 1.0 の場合の正規分布関数,

$$\frac{1}{\sigma\sqrt{2\pi}}\exp\left(-\frac{x^2}{2\sigma^2}\right),$$

を示す.

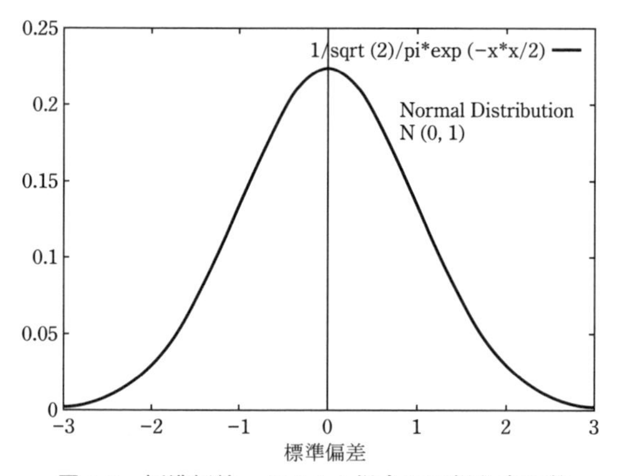

図 5.2　標準偏差 σ が 1.0 の場合の正規分布関数

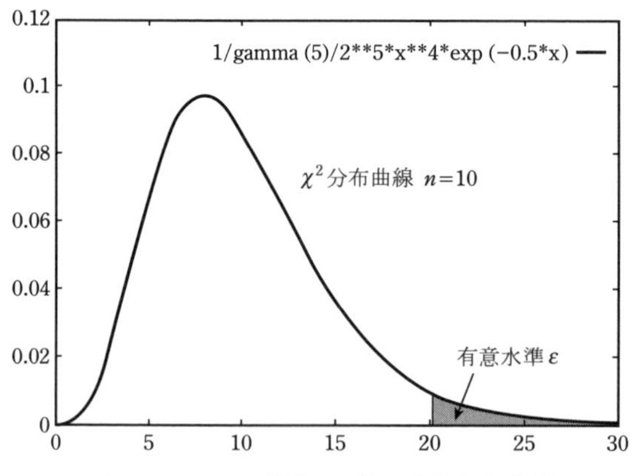

図 5.3　n=10 の場合の χ^2 の確率分布曲線

n 個の標本の χ^2 が従う確率分布は次式の通りである．$\Gamma(n/2)$ は Γ（ガンマ）関数である．

$$f(x)=\frac{1}{\Gamma\left(\frac{n}{2}\right)\cdot 2^{\frac{n}{2}}}x^{\frac{n}{2}-1}e^{-\frac{x}{2}} \quad x>0$$

$$=0 \quad x<0 \tag{5-5}$$

図5.3は $n=10$ の場合の χ^2 の確率分布曲線である．横軸が χ^2 になっている．この確率分布が最も高くなるところ（最頻値）が $\chi^2=n-2$，ただし，$n \geq 2$．期待値が $\chi^2=n$ である．

標準偏差が σ_0 で，平均値が m の正規分布に従う母集団 $N(m, {\sigma_0}^2)$ から N 個の標本を取り出すときの χ^2 は標準偏差 σ_0 で正規化する．つまり，

$$\chi_N^2=\frac{1}{\sigma_0^2}\sum_{i=1}^{N}\chi_i'^2 \tag{5-6}$$

正規化後，χ_N^2 は式(5-5)の確率分布に従う．

5.3 χ^2 分布を用いた「適合度検定」

実験値ないしは測定値が理論的予想とどの程度適合しているのかを χ^2 分布を仮定して「検定」することができる．

推定値（ある推論に従って予想される値）あるいは理論値が m_i だったとする．測定値の分布はこの値を中心にPoisson分布関数に従うと仮定すると標準偏差 σ は $\sqrt{m_i}$ で与えられる．この値を用いて N 回観測された観測値 n_i と推定値 m_i の差の χ^2 を計算する．

$$\chi_N^2=\sum_{i=1}^{N}\frac{(n_i-m_i)^2}{(\sqrt{m_i})^2}=\sum_{i=1}^{N}\frac{(n_i-m_i)^2}{m_i} \tag{5-7}$$

標準偏差，σ_i，があらかじめわかっているならば，それを用いて，式(5-7)は式(5-8)のようになる．

$$\chi_N^2 = \sum_{i=1}^{N} \frac{(n_i - m_i)^2}{\sigma_i^2} \tag{5-8}$$

いずれの場合も，測定値のχ^2の自由度は$N-1$である．このχ_{N-1}^2が小さい値ならば，推定値と測定値の一致がよいが，大きい値の場合に適合性が疑われる．式(5-8)で計算されるχ^2の確率分布が式(5-5)で与えられるので，推定値が測定値に「適合する」か否かを実測したχ^2から検定する．

仮説「推定値と測定値は「有意水準：ε」で適合している」を検定する．

<u>分布関数を無限大からゼロ方向に積分して確率εになる</u>χ^2の最大値を根拠に適合性を判定する．図の灰色の部分を積分する．例えば$\varepsilon=0.05$ (5%) あるいは0.025 (2.5%)，の場合を考える．

式(5-7)ないし，式(5-8)の値が，有意水準がε以下になる「χ^2の最大値」より大きいと，推定値と測定値が乖離していることになり，「推定値と測定値は適合する」とする仮説は「棄却」される．つまり，この仮説は無理だったと言うことになる．

有意水準とは「危険性」と考えてもよいので「危険性：ε%」で仮説を棄却すると表現してもよい．

式(5-5)はNの関数なので，Nが与えられると，対応する「χ^2の最大値」をいちいち計算する必要がある．従来，Nが1から30程度までは，数表を利用してきた．最近はパソコンの利用により，「χ^2の最大値」の計算にEXCELを用いることができるようになったのでパソコンがあれば数表は不要になった．標本の数をnとして，有意水準をεとすると，対応する「χ^2の最大値」は関数CHISQ.INV.RT(ε, n)ないしはCHISQ.INV((1−ε), n)で計算できる．表5.1はEXCELを使って計算したχ^2とεの標本数nに関する依存性を示す．

表 5.1　χ^2 分布表．表の数字は EXCEL を用いて計算している．

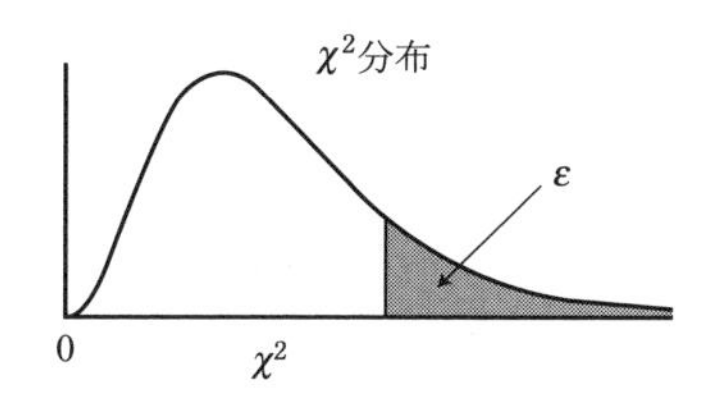

n/ε	1	0.99	0.98	0.95	0.9	0.1	0.05	0.03	0.01	0.005
1	0	0	0	0	0.02	2.71	3.84	5.02	6.63	7.88
2	0.01	0.02	0.05	0.1	0.21	4.61	5.99	7.38	9.21	10.6
3	0.07	0.11	0.22	0.35	0.58	6.25	7.81	9.35	11.3	12.8
4	0.21	0.3	0.48	0.71	1.06	7.78	9.49	11.1	13.3	14.9
5	0.41	0.55	0.83	1.15	1.61	9.24	11.1	12.8	15.1	16.7
6	0.68	0.87	1.24	1.64	2.2	10.6	12.6	14.4	16.8	18.5
7	0.99	1.24	1.69	2.17	2.83	12	14.1	16	18.5	20.3
8	1.34	1.65	2.18	2.73	3.49	13.4	15.5	17.5	20.1	22
9	1.73	2.09	2.7	3.33	4.17	14.7	16.9	19	21.7	23.6
10	2.16	2.56	3.25	3.94	4.87	16	18.3	20.5	23.2	25.2
11	2.6	3.05	3.82	4.57	5.58	17.3	19.7	21.9	24.7	26.8
12	3.07	3.57	4.4	5.23	6.3	18.5	21	23.3	26.2	28.3
13	3.57	4.11	5.01	5.89	7.04	19.8	22.4	24.7	27.7	29.8
14	4.07	4.66	5.63	6.57	7.79	21.1	23.7	26.1	29.1	31.3
15	4.6	5.23	6.26	7.26	8.55	22.3	25	27.5	30.6	32.8
16	5.14	5.81	6.91	7.96	9.31	23.5	26.3	28.8	32	34.3
17	5.7	6.41	7.56	8.67	10.1	24.8	27.6	30.2	33.4	35.7
18	6.26	7.01	8.23	9.39	10.9	26	28.9	31.5	34.8	37.2
19	6.84	7.63	8.91	10.1	11.7	27.2	30.1	32.9	36.2	38.6
20	7.43	8.26	9.59	10.9	12.4	28.4	31.4	34.2	37.6	40
21	8.03	8.9	10.3	11.6	13.2	29.6	32.7	35.5	38.9	41.4
22	8.64	9.54	11	12.3	14	30.8	33.9	36.8	40.3	42.8
23	9.26	10.2	11.7	13.1	14.8	32	35.2	38.1	41.6	44.2
24	9.89	10.9	12.4	13.8	15.7	33.2	36.4	39.4	43	45.6
25	10.5	11.5	13.1	14.6	16.5	34.4	37.7	40.6	44.3	46.9
26	11.2	12.2	13.8	15.4	17.3	35.6	38.9	41.9	45.6	48.3
27	11.8	12.9	14.6	16.2	18.1	36.7	40.1	43.2	47	49.6
28	12.5	13.6	15.3	16.9	18.9	37.9	41.3	44.5	48.3	51
29	13.1	14.3	16	17.7	19.8	39.1	42.6	45.7	49.6	52.3
30	13.8	15	16.8	18.5	20.6	40.3	43.8	47	50.9	53.7

左の縦軸が自由度 $n=1\sim30$ であり，最上段の数字が確率 P である．

例題 2

1. χ^2 が 13.9 になる，N=6 の測定値があったとする．有意水準 2.5％で適合するとする仮説を棄却できるか．

[解答] 自由度は5なので，N=5の数表を利用する．それは次のようになっている．

ε	0.1	0.05	0.025	0.01
N=5	$\chi^2=9.24$	11.07	12.83	15.09

この表の値から，測定された値の推定値との適合性は有意水準 $\varepsilon=0.025$ では，χ^2 の最大値が 12.83 なので，測定値の 13.9 より小さく，棄却されているが，0.01 では棄却できない．つまり，「危険性 2.5％までは不適合と言えるが，危険性 1％では不適合と言えない．」

2. イカサマの疑いのある 1 個のダイス（さいころ）を χ^2 分布を利用して検定する．240 回振って，出た目を記録したら，次の表が得られた．このダイスはイカサマなものであるかどうか，検定せよ．

目の数字	1	2	3	4	5	6
回数	20	46	35	45	42	52

（ヒント：χ^2 検定には式 (5-7) を用いる．各回数とイカサマではないダイスなら推定される 40 回との差で考える．自由度は 6−1 なので，5 である．）

[解答] イカサマではない場合の各出目の推定値は 40 回なので，χ^2 は

$$(20-40)^2/40+(46-40)^2/40+(35-40)^2/40+(45-40)^2/40+(52-40)^2/40=15.75$$

表 5.1 から自由度 5 の欄の有意水準 1％と 0.5％の χ^2 の最大値はそれぞれ 15.1 と 16.7 なので，<u>このダイスは有意水準 1％（危険性 1％）でイカサマと言えるが，有意水準 0.5％ではイカサマと判定できない．</u>

3. 同じように，イカサマの疑いのあるダイス 3 個（同じものとする）を同時に 400 回振って 6 の目の出方を記録したら，次の結果が得られた．このダイスはイカサマだろうか，検定せよ．

結果	3 個とも 6 ではない	1 個だけ 6 で，他は 6 ではない	6 が 2 個ないし，3 個あった
回数	217	147	36

（ヒント：まず，確率 $p=1/6$ として，3 回サイコロを振って，6 の目が出る回数 M の推定値を二項分布，

$$ {}_3C_M\left(\frac{1}{6}\right)^M\left(\frac{5}{6}\right)^{3-M}\times 400 $$

を使って計算する．二項分布の標準偏差は $\sigma=\sqrt{Npq}$ である．）

[解答] まず，3つの場合の出目の回数を推定する．

（ヒント：

$$ {}_3C_M\left(\frac{1}{6}\right)^M\left(\frac{5}{6}\right)^{3-M}\times 400 $$

から出目を計算すると，それぞれ，231.5回，138.8回および29.6回になる．）

二項分布の標準偏差は $\sigma=\sqrt{Npq}$ である．3個のダイスを1回振るたびに標準偏差は

$$ \sigma=\sqrt{3\times 1/6\times 5/6}=0.6455 $$

なので，400回3個のダイスを振ったときの標準偏差は，

$$ \sigma=\sqrt{400\times 0.6455^2}=12.91 $$

この値を使って式(5-8)から χ^2 を求めると $\chi^2=1.91$ になる．

一方，式(5-7)から求めた χ^2 は2.78である．表5.1の自由度3の欄を見ると，有意水準0.1（危険性10%）のとき χ^2 は6.25なので，求めた χ^2 よりも充分に大きい．従って，<u>このダイスがイカサマであるとする仮説は有意水準0.1以下の領域で棄却できない．</u>

5.4 F 分布関数による検定

正規分布 $N(\bar{x}, 1)$ に従う母集団から m_1 個の標本を取り出し，正規分布 $N(\bar{y}, 1)$ に従う母集団から m_2 個の標本を取り出して，それぞれ χ^2 を計算してその比，x，を求める．

$$\chi_1^{\,2} = \sum_{i=1}^{m_1} (x_i - \bar{x})^2 \,, \qquad \chi_2^{\,2} = \sum_{i=1}^{m_2} (y_i - \bar{y})^2 \,, \qquad x = \frac{\chi_1^{\,2}}{m_1} \Bigg/ \frac{\chi_2^{\,2}}{m_2} \tag{5-9}$$

χ^2/m は，換算χ^2と言われる量であり，分散 1.0 の母集団から取り出された m 個の標本の χ^2 の期待値（存在する確率が最も高くなる χ^2）は m なので，1.0 に近い値になる．式 (5-9) の比，x，が従う分布関数が自由度 m_1, m_2 の $F_{m_2}^{m_1}(x)$ である．この関数は次の式で与えられる．

$$\begin{aligned} F_{m_2}^{m_1}(x) &= Cx^{\frac{m_1}{2}-1}(m_1 x + m_2)^{-\frac{m_1+m_2}{2}} \qquad x > 0 \\ &= 0 \qquad\qquad\qquad\qquad\qquad\quad\; x < 0 \end{aligned} \tag{5-10}$$

ただし，$C = \dfrac{m_1^{\frac{m_1}{2}} m_2^{\frac{m_2}{2}}}{B\left(\dfrac{m_1}{2}, \dfrac{m_2}{2}\right)}$

ここで，$B(p, q)$ はベータ関数，

$$\int_0^1 t^{p-1}(1-t)^{q-1} dt = \frac{\Gamma(p)\Gamma(q)}{\Gamma(p+q)} \;,$$

である．

図 5.4 は式 (5-12) で与えられる F 分布関数，$F_n^m(x)$ を示す．この関数の期待

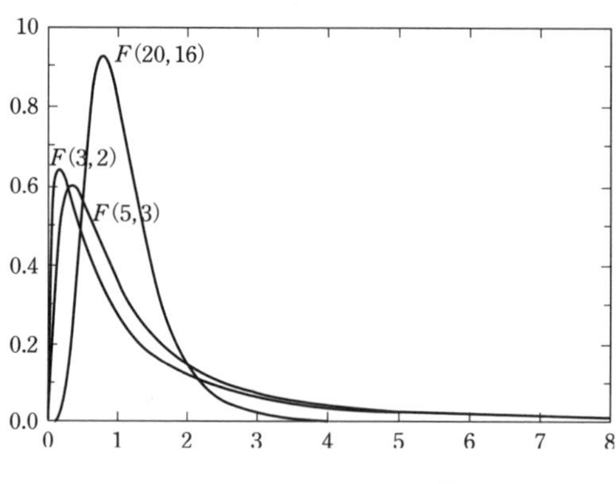

図 5.4 F 分布関数，$F_n^m(x)$

値(最も確率が高くなる x の値)は $n(m-2)/m(n-2)$ である．

母集団の標準偏差が σ_1 と σ_2 ならば，χ^2 は式(5-8)から計算することになる．

この分布関数によって，適合性の比較が可能になる．5.3節と同様に，有意水準を設けて適合性の仮説を検定することになる．有意水準が5%の場合の x の値を様々な標本数について計算したものを表5.2に示す(p.80)．

5.5 パラメータの数の確からしさ

測定値 y_i を x_i の関数として解析しようとするとき，何個のパラメータを用いることが数学的に意味を持つのか，F 分布関数で評価する．

y_i に対する推定(理論的な計算値など)を $M(x_i)$ とする．$M(x_i)$ を求めるときに利用したパラメータの数を p ないし q とする．

推定値と測定値の差の χ^2 を2つの場合に分けて計算する．N はデータの数である．

$$\chi_p^2 = \sum_{i=1}^{N} \frac{[y_i - M_p(x_i)]^2}{\sigma_i^2}, \quad \chi_q^2 = \sum_{i=1}^{N} \frac{[y_i - M_q(x_i)]^2}{\sigma_i^2} \tag{5-11}$$

σ_i は測定値の標準偏差であり，既知だとする．

$p>q$ のとき，次の統計量は自由度，$p-q$，$N-q$ の F 分布関数に従うことが知られている．

$$f = \frac{\chi_q^2 - \chi_p^2}{p-q} \Bigg/ \frac{\chi_q^2}{N-q} \tag{5-12}$$

仮説として，「パラメータの数を q から p 個に増やしても理論(モデル)は著しく改善されない」を立ててみる．式(5-12)の値が小さいなら改善されておらず，大きい値が得られれば，確かに改善されたと考えてよい．

表 5.2　灰色の部分を5%としたときのFの値

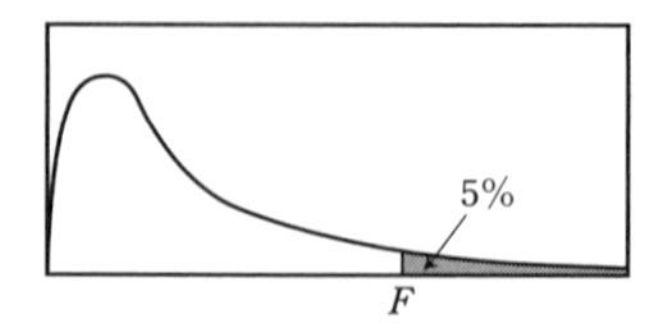

m_2 (列)	m_1 1	2	3	5	6	8	12	24
1	161.4	199.5	215.7	230.2	234	238.9	243.9	249.1
2	18.51	19	19.16	19.3	19.33	19.37	19.41	19.45
3	10.13	9.552	9.277	9.013	8.941	8.845	8.745	8.639
4	7.709	6.944	6.591	6.256	6.163	6.041	5.912	5.774
5	6.608	5.786	5.409	5.05	4.95	4.818	4.678	4.527
6	5.987	5.143	4.757	4.387	4.284	4.147	4	3.841
7	5.591	4.737	4.347	3.972	3.866	3.726	3.575	3.41
8	5.318	4.459	4.066	3.687	3.581	3.438	3.284	3.115
9	5.117	4.256	3.863	3.482	3.374	3.23	3.073	2.9
10	4.965	4.103	3.708	3.326	3.217	3.072	2.913	2.737
11	4.844	3.982	3.587	3.204	3.095	2.948	2.788	2.609
12	4.747	3.885	3.49	3.106	2.996	2.849	2.687	2.505
13	4.667	3.806	3.411	3.025	2.915	2.767	2.604	2.42
14	4.6	3.739	3.344	2.958	2.848	2.699	2.534	2.349
15	4.543	3.682	3.287	2.901	2.79	2.641	2.475	2.288
16	4.494	3.634	3.239	2.852	2.741	2.591	2.425	2.235
17	4.451	3.592	3.197	2.81	2.699	2.548	2.381	2.19
18	4.414	3.555	3.16	2.773	2.661	2.51	2.342	2.15
19	4.381	3.522	3.127	2.74	2.628	2.477	2.308	2.114
20	4.351	3.493	3.098	2.711	2.599	2.447	2.278	2.082
21	4.325	3.467	3.072	2.685	2.573	2.42	2.25	2.054
22	4.301	3.443	3.049	2.661	2.549	2.397	2.226	2.028
23	4.279	3.422	3.028	2.64	2.528	2.375	2.204	2.005
24	4.26	3.403	3.009	2.621	2.508	2.355	2.183	1.984
25	4.242	3.385	2.991	2.603	2.49	2.337	2.165	1.964
26	4.225	3.369	2.975	2.587	2.474	2.321	2.148	1.946
27	4.21	3.354	2.96	2.572	2.459	2.305	2.132	1.93
28	4.196	3.34	2.947	2.558	2.445	2.291	2.118	1.915
29	4.183	3.328	2.934	2.545	2.432	2.278	2.104	1.901
30	4.171	3.316	2.922	2.534	2.421	2.266	2.092	1.887
40	4.085	3.232	2.839	2.449	2.336	2.18	2.003	1.793
60	4.001	3.15	2.758	2.368	2.254	2.097	1.917	1.7

例題3

回帰関数の選択

検定する有意水準を5%としてみよう．

60組の(x_i, y_i)のデータがあったとする．これに対して，$y=a+bx$ないしは$y=a+bx+cx^2$の2種類の回帰関数を仮定して，パラメータの値を最小二乗法で決めた．その結果，次の式が得られた．

$y=3.0366+4.6348x$

$y=3.4283+3.8407x+0.2608x^2$

それぞれの式から偏差が計算できて，次の値になった．標準偏差σ^2を2.0と仮定した．

$$\chi_q^2=11.779 \quad q=2$$
$$\chi_p^2=10.732 \quad p=3$$

$N=60$なので，

$$f=\left(\frac{11.779-10.732}{3-2}\right)\Big/\frac{11.779}{60-2}=5.155$$

自由度が1，58のF(5%)は4.00(1，58の表がないので，1，60で代用)で，5.155より小さい．従って，fが有意水準5%の領域にあるので「2次関数回帰にする必要がない」とする仮説が成り立たなかった(棄却された)．つまり，危険性5%で直線回帰よりも，2次関数回帰の方が与えられたデータに適していると言える．

マイクロソフトのEXCELには関数FDIST (f, m_1, m_2)とFINV(p, m_1, m_2)が用意されていて，前者はfからF分布関数の有意水準εを計算する関数であり，後者は有意水準pから逆にfを計算する関数である．この問題の58個の標本について，FDIST(5.155, 1, 58)を計算すると，0.0269が得られる．また，有意水準を2%にしてみると，FINV(0.02, 1, 58) = 5.723になる．つまり，例題の場合，有意水準2%だと，仮説が成り立つことになる．

5.6 ハミルトンテスト（Hamilton test）

未知の結晶の結晶構造解析を行う場合，まずその結晶に最も適した空間群や基本格子を選択する必要がある．通常は測定したBragg反射強度の従う消滅則から決めているが，簡単には判定のつかない場合がある．そこで利用される判定方法がHamilton testである[1)].

Hamilton testでは構造因子の測定値 $F_{\mathrm{ob}}(hkl)$ と計算値 $F_{\mathrm{cal}}(hkl)$ の統計的重み，w_{hkl}，付き残差，

$$R_{wF} = \frac{\sum_{hkl=1}^{N} w_{hkl}\left\|F_{\mathrm{ob}}(hkl)\right| - \left|F_{\mathrm{cal}}(hkl)\right\|}{\sum_{hkl=1}^{N} w_{hkl}\left|F_{\mathrm{ob}}(hkl)\right|}$$

を結晶のモデルごとに求めてその比 $R = R_1/R_2$ を計算する．結晶構造モデルには各構成イオンの座標，席占有率，温度因子など固有の結晶学パラメータがある．モデルごとに結晶学パラメータの数は増減し，パラメータの多いモデルほど残差が小さくなるのが自然な流れである．結晶構造解析とはこれらのパラメータの最適値を最小二乗法によって求める作業である．

モデル1がパラメータの少ないモデルでモデル2が多いモデルとする．当然残差の比 $R = R_1/R_2$ は1.0よりも大きくなるはずである．パラメータの数の差を b とする．構造計算に使ったBragg反射の数を n（自由度）とすると残差の比 $R = R_1/R_2$ は F 分布から導出される次の統計量に従う．

$$R_{b,n-b,\alpha} = \sqrt{\frac{b}{n-b}F_{n-b}^{b}(\alpha) + 1} \tag{5-13}$$

$F_{n-b}^{b}(\alpha)$ は有意水準 α の F 分布関数である．残差の比 $R = R_1/R_2$ が式(5-13)の値よりも大きい場合にだけモデル2の優位性がある．式(5-13)よりも比が小さいと言うことはパラメータの数を b 個増やしても残差は目立って（数学的に意味のある値まで）小さくならなかったと言うことである．従って，モデル2はモデル1よりも優位性があるとは言えない．このようにして各構造モデルの優位性

を確かめて，最適構造モデルを決める．

Hamilton test も F 分布関数を使った適合性検定である．

練習問題

1. 例題1で計算した回帰直線の95%信頼区間を計算し，図示せよ．ただし，$n-2=5$ の95%信頼区間は t 分布表から ±2.571 であることがわかっている．
2. 例題1と同じデータが与えられた場合，2次関数 ($y=a+bx+cx^2$) を回帰関数とした場合の3つのパラメータ，a，b，c を求めよ．また，その回帰関数の95%信頼区間を計算して図示せよ．ただし，$n-3=4$ の95%信頼区間は t 分布表から ±2.776 であることがわかっている．
3. 表の実験データがある．変数 x と観測値 y について次の量を計算せよ．

x	1	2	3	4	5	6
y	−0.5	2.3	4.0	4.4	6.2	8.5

3.1　x と y の平均値

3.2　x と y の共分散

3.3　相関係数

4. 変数 x に対する観測値 y と z の表が得られた．次の量を求めよ．

x	1	2	3	4	5	6
y	9.0	7.3	5.5	4.1	1.5	−1.0
z	20.0	16.3	9.5	6.5	3.0	−3.3

4.1　x，y，z の平均値

4.2　xy，yz，zx の偏相関係数

5. 自由度6の観測データの χ^2 の値が13.0のとき，有意水準0.05でこのデータの理想値との適合性を検討せよ．
6. イカサマの疑いのあるダイスを180回振ったら次の結果になった．このダイスは正しいものかどうか，χ^2 を求めて検討せよ．

出目	1	2	3	4	5	6
出目の回数	20	31	25	35	29	40

7. 2個のダイスを同時に400回振って出目の合計を各回ごとに記録した．表はその結果である．このダイスは正しいものだったかどうか，χ^2 の値を用いて検討せよ．

出目	2	3	4	5	6	7	8	9	10	11	12
回数	8	19	28	40	58	68	54	47	36	25	17

8. 次の実験データを直線 $y=a+bx$ に回帰させることの適合性を検定せよ．

x	2	4	6	8	10	12
y	42.0	44.2	53.3	56.1	58.3	64.0

9. 次の実験データを直線 $y=a+bx$ に回帰させた場合と2次曲線 $y=a+bx+cx^2$ に回帰させた場合，どちらの回帰関数の適合性が高いか検定せよ．

x	2	4	6	8	10	12
y	42.0	43.3	53.0	57.0	61.4	68.3

10. 次の実験値があった（例題1と同じデータである）．このデータを直線回帰する場合と2次関数回帰する場合の適合性を検討せよ．

x	−6.4	−4.4	−2.4	−0.4	1.6	3.6	5.6
y	4.2	6.6	9.2	10.6	12.0	14.6	17.2

11. 次の実験データがあるとき，このデータを直線回帰する場合と，$y=a\ln(x)$ に回帰する場合の適合性を検討せよ．

x	2.0	3.0	4.0	5.0	6.0
y	2.5	2.9	4.2	4.6	5.0

参考文献

1) W. C. Hamilton: Acta Crystallogr. **18** (1965) 502.

第6章　計測法
(measurement methdologies)

前章まで，与えられた測定結果が全て信頼できるものとして，最小二乗法で回帰関数を計算するなどしてきた．実際の測定においては，測定自体の信頼性や再現性を確認することから始める必要がある．再現性のない1回限りの測定値は，どのように高度な解析方法で解析しても物理的な（あるいは統計学的な）意味がないので注意すべきである．

以下の諸点に留意する必要がある．

6.1 計測の留意点

■計測は現象自体の再現性，変動幅，計測器の信頼性の事前確認なしに始めることができない．

この点がまず計測のプロとして留意すべき第1の点になる．計測される値の再現性や揺らぎ幅は計測系の良否による場合もあるが，大部分は測定者の測定技術の巧拙による．本測定を行う前に，充分な時間と手間をかけて，予備実験を行い，測定系の信頼度や安定性，誤差を確認することが重要である．

■常に計測中に測定値を監視すべきである．

計測中に自分の手を使って測定値を図表化することが現在でも望ましい．コンピュータを利用し，自動的に測定値がメモリーに蓄えられる現在でも，測定器の不具合や設定ミスを発見するのは測定者本人である．常に測定中のデータの良否，適・不適に目を光らせておかないと，単なる測定ノイズを貴重な信号と間違えることが多い．単なる回路の短絡を超伝導体の発見と報告した例が多いのもこのような測定の初歩が忘れられがちであることを示している．

測定値に疑問なものが出たら，可及的速やかにその再現性を確認する必要がある．何日も経過した後では手遅れである．もしも，偶発的な例外なら，その測定値を統計処理の考慮外にする．

各測定値に対する責任を持つことができる測定者がプロと呼ばれる．

■測定値の図表化にはルールがある．

測定値を図表にすることは，測定された物理現象の理解に重要である．測定値から得た量のうち，何を縦軸と横軸に選ぶかは測定者の主張による．何を図表として示すにも，表示の範囲はなるべく，0 から 10.0 のような区切りのよい範囲で示す必要がある．測定値が 1.6 から 8.3 までしかなくても，0 から 10.0 の範囲に示す．どうしても隙間が目立つような場合には 1.0 から 9.0 の範囲で示してもよいが，切りのよい数字の範囲で示すことが一般則である．

図面に用いる記号には●を最初に用いるのが常識であり，次は▲，■，○，△，□の順である．図に用いる線分には黒太線，破線，点線，一点鎖線，二点鎖線と続く．線や記号の色彩には特別ルールはないが，黒，赤，青，緑の順になっている場合が多い．

■回帰関数の図表化にもルールがある．

測定値が $x=0.15$ から 3.3 まであり，y が 0.26 から 5.3 まで観測された場合を考えよう．回帰関数が求まり，図中に線分を引く場合に注意が必要である．回帰関数は測定点を近似的に再現しているだけでなく,「測定された現象は単純な回帰関数で再現できる」と解析した人の主張が込められている．そうならば，測定点の範囲の外側にも同じ関数が適用できるはずである．

従って，この点を明瞭にするために，回帰関数はパラメータ x と y の測定範囲の両外側に幅を持たせて引く必要がある．その範囲はパラメータ x の一こま分程度である．そのはみ出た部分が回帰関数の示す予想値（外挿値）になり，重要な意味がある．

図 6.1 は 4 章の表 4.2 のデータを 2 次関数に回帰させたものであるが，回帰関

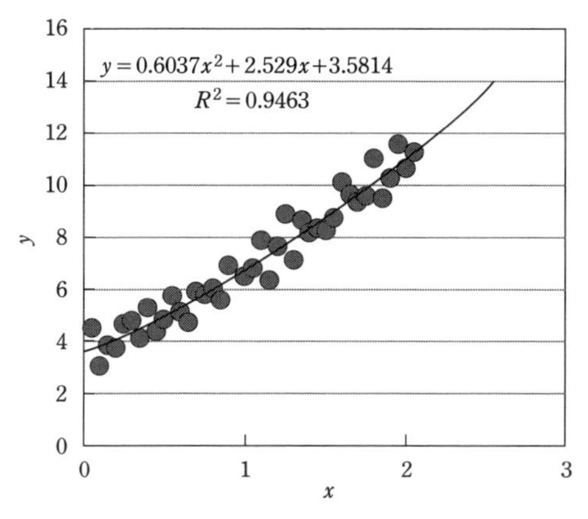

図 6.1　ばらついている測定値とその回帰曲線

数を x の範囲を広げて描いている．

■計測方法の工夫

計測は実験物理学や応用物理学の基礎であり，如何に的確にかつ正確に必要なデータを得るのか考える必要がある．例えば，自分の背の高さを 0.1 mm の精度で計れと言う問題があった場合，どうすれば，再現性よく，正確なデータを得ることができるか考えてほしい．「適した商品をインターネットで捜す」と言う解もあるが，手元には長さ 30 cm の物差しと三角定規，長さ約 3 m の棒があったとして，それらで測れと言われたら，どうだろうか？

自家用車の重量を計量限界 200 kg の体重計で計れと言われたらどのようにすべきだろうか？ 地球の重さはどうしたら計れるのだろうか？

上皿天秤で試料重量の絶対値を計ることと同じように，測定すべき物理量の絶対値がすぐに測定できる場合と，あらかじめ何かと何かを計測しておいてから，測定すべき物理量を推定する場合とがある．本章では，様々な計測の仕方・手法を紹介する．測定の基本はアナログ的な方法論である．デジタル式表示は測定自体がデジタル測定で行われている証拠ではなく，何らかの方法でアナログデータがデジタルデータに変換されている場合が多い．

6.2 偏位法

直接測定する場合に用いられる方法である．精度はあまりよくない．例えば，ブルドン圧力管による圧力測定，バネ秤による重量測定，アナログ電流計やアナログ電圧計などが該当する．

圧力の変化によって，肉の薄い金属管が変形し，その変形量をギアで拡大して針を動かす形式のブルドン式圧力計がある．アナログ電流計では小さいコイルに電流を流して電磁石とし，外部に永久磁石をおいて，コイルに回転トルクが生じるようにして，コイルにつけた針の回転角から電流値を決定する．ただし，コイルには回転方向に抵抗するバネがついていて，電流が流れなくなるとコイルの回転は元に戻る．図 6.2 と図 6.3 はそれぞれブルドン管と電流計の仕組みを示す図である．

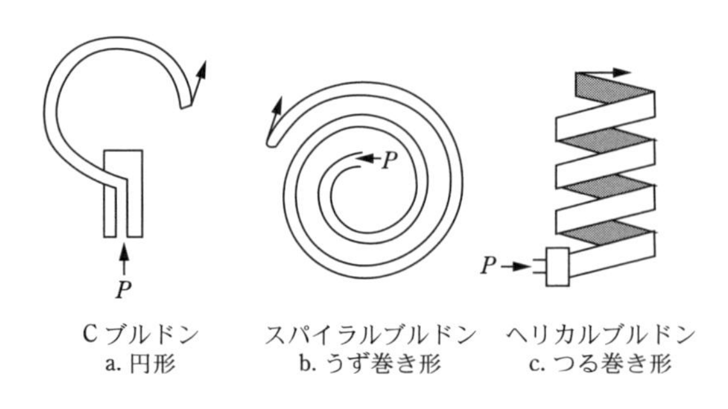

図 6.2　ブルドン管のいろいろ

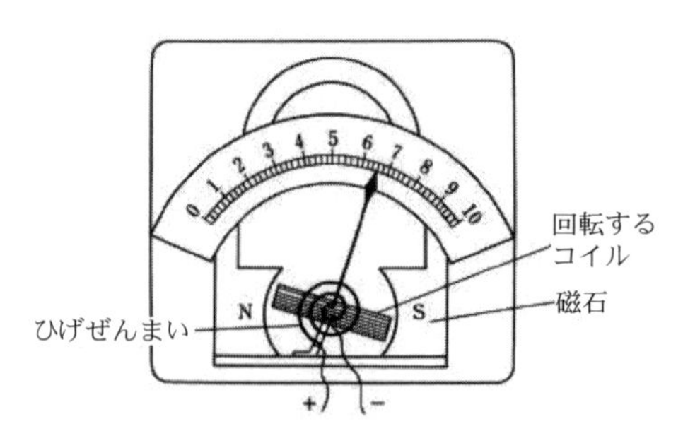

図 6.3　電流計の動作

測定量と指針のふれ，あるいは回転角とが対応するには，測定量に対応した回転力と，それに釣り合う逆向きの力が必要であり，これらの力が釣り合ったときに測定器は平衡に達し，指針のふれ角度が静止して測定対象の力を示す．これらの方法では，測定量が計器の指針に直接影響するので，測定する対象に併せて計器の大きさなどにも配慮することが必要である．

電子式体重計は偏位法の応用例である．従来の体重計はバネの伸び縮みを直接指針で示していたが，電子式の場合もバネに相当する部分があり，その部分の伸び縮みを電気抵抗の変化として測定している．図 6.4 に伸び縮みが電気抵抗値の変化として現れる歪みゲージ (Strain Gauge) と呼ばれる電子部品を示す．ポリイミドフィルムの上に銅ニッケル合金箔の回路が貼ってある．このゲージをバネの代わりになる棒に貼り付ける．棒の伸びによって合金箔の電気抵抗が増加する．

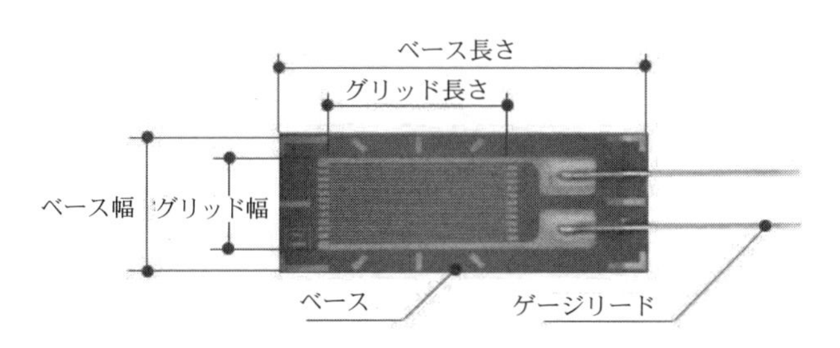

図 6.4　歪みゲージの外観

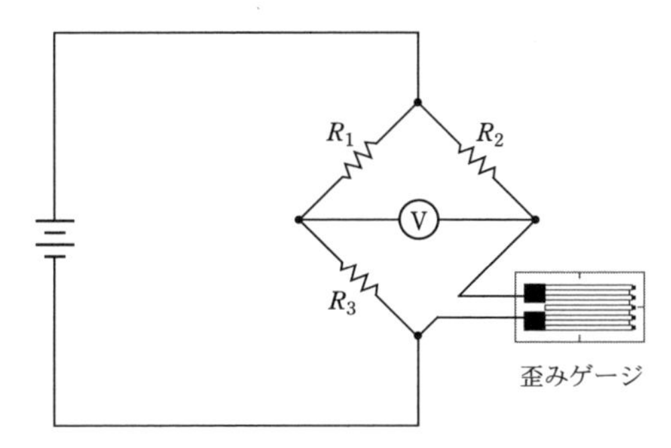

図 6.5　歪みゲージの電気抵抗を電圧に換えるブリッジ

図中のグリッド長さは0.3〜60 mmである．測定する伸びの量によってグリッド長さの違うゲージを利用する．電気抵抗値のわずかな変化をホイートストンブリッジ回路で電圧変化に変換して測定する．

図6.5に歪みゲージの電気抵抗値の変化を電圧に変換するブリッジ回路を示した．$R_1:R_3$の比とR_2と歪みゲージの抵抗の比が一致すれば，電圧はゼロだが歪みゲージの抵抗が少しでも変化すると，電圧が出てくる．これをデジタルボルトメータで読む．

6.3 零位法

この方法は手間はかかるが偏位法よりも正確に測定対象の大きさを計る方法である．

測定量と独立に大きさが調整できる同種類の既知の量を用意し，測定量と既知の量を平衡させて，既知の量から測定量を決定する方法である．例としては，上皿天秤，電位差計，光高温計などがある．

図6.6と図6.7に上皿天秤と光高温計の例を示した．一般に零位法の方が偏位法よりも精密な測定に適している理由は，①指針を元に戻す(零を指すようにする)力は測定者が供給するので，摩擦などの影響がない．②測定が常に平衡状態

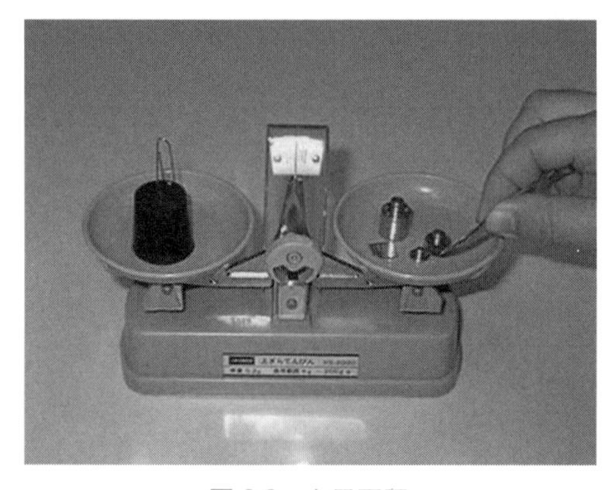

図6.6　上皿天秤

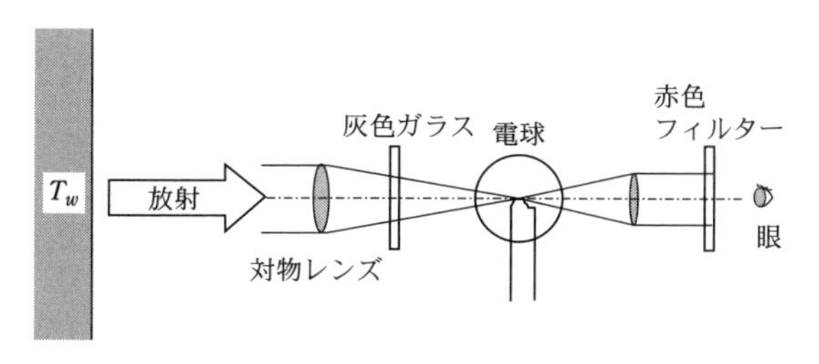

図 6.7　電流計の動作光高温計の動作原理図．測定対象を望遠鏡で眺める．望遠鏡の中に電球があり，フィラメントが見える．このフィラメントに通電して加熱し，測定対象と色合いが一致するように電流を調製する．この電流値が測定対象の温度に対応する．

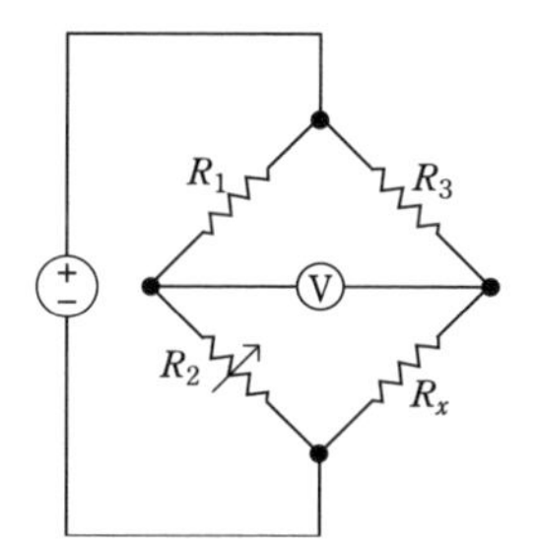

図 6.8　ホイートストンブリッジ回路．R_2 が可変抵抗であり，R_x が未知の抵抗．

で行われるので，測定対象の乱れがほとんどない．③釣り合い調製器（上皿天秤のようなものを想定）の感度は装置を大型化するなどして測定する側で感度を調節することができる．④釣り合いを保つための基準量（上皿天秤の分銅等）の精度を上げる（有効桁数を増やす）と被測定量の測定精度がその分向上する．

偏位法でも取り上げたが，ホイートストンブリッジ回路は零位法で未知の抵抗値を正確に決定する方法である．図6.8にホイートストンブリッジ回路を示す．この回路では，R_1，R_2 および R_3 は既知であり，R_x はブリッジの中央にある電圧計（ないしは微少電流計）が零を示す場合に $R_x = (R_2R_3)/R_1$ が成り立つ．

未知の電気抵抗 R_x の測定精度は可変抵抗である R_2 の制御精度と電圧計の零電圧に関する感度によって決まる．R_2 はポテンショメータと呼ばれる抵抗回路が使われる．平衡状態では電圧電流計には電気が流れないので，発熱等がなく，安定した測定ができる．

6.4 補償法

測定量から測定量に近い既知の量を引き去り，残りの測定量を偏位法などで測定する方法である.

零位法に似ているが，微少な不平衡量を測定する点が違っている．例えば，上皿天秤で未知の物体の重さを量る場合，物体の重量と全く同じ重量の分銅が用意できない場合が多く，天秤が多少傾く．この傾きをネジで小さい重りを移動させて補正するか，傾き角度から補正値を計算することで詳細値を得る.

補償法を使って，温度変化する比熱を精密に計測する方法がある.

比熱(熱容量)が既知の基準試料を用いて，未知の試料の比熱を測定する装置がある.

基準試料と未知の試料を電気炉に入れて同時にゆっくり加熱する．図6.9に原理図を示した．2つの試料の廻りに別々に小さい熱抵抗体(熱伝導し難いもの)を設置しておき，熱抵抗体の中を流れる熱量を熱抵抗体上下の温度差から精密に測定する．2つの試料は熱容量が違うので，同じ電気炉の中にあっても温度上昇率が違ってくる．基準試料の熱容量が大きいと基準試料の温度上昇が遅れるので熱抵抗体から熱が供給される．逆に小さいと未知の試料の温度上昇が遅れるので試料に熱が供給される．2つの試料の温度上昇を一致させるにはどち

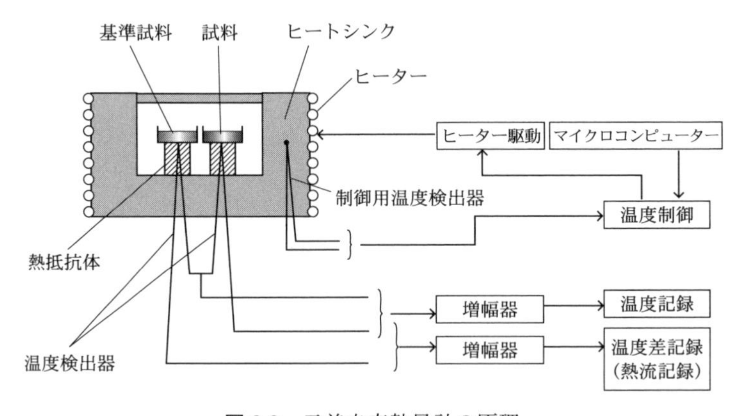

図6.9　示差走査熱量計の原理

らかの試料に熱抵抗体を通じて熱を供給する必要がある．未知の試料に相転移がおきれば，吸熱ないし発熱が起きるので，未知の試料の温度は基準試料と大きく違ってくる．2つの試料の温度を均一に保つには，これを補償する熱がヒートシンクから試料に伝わることになる．2つの熱抵抗体の中を通過する熱量の差を温度に対して測定すれば，基準試料に対する未知の試料の比熱(熱容量)が精度よく決まる．図の熱抵抗体を電気ヒーターで置き換えたものもある．

このように基準試料を使った装置を示差走査熱量計，Differential Scanning Calorimeter (DSC), と呼んでいる．

6.5 置換法

測定量Aと基準量Bをそれぞれ同じ装置によって測定する．基準量Bによっ

表 6.1　銅のKα線を用いたX線回折測定用標準物質の回折ピークの指数と回折角[1)]

Calculated 2θ Angles, Cu $K\alpha_1$ λ=1.540598 Å			
hkl	W a=3.16524 Å ±0.0004	Ag a=4.08651 Å ±0.0002	Si a=5.43088 Å ±0.0004
110	40.262		
111		38.112	28.443
200	58.251	44.295	
211	73.184		
220	86.996	64.437	47.303
310	100.632		
311		77.390	56.123
222	114.923	81.533	
321	131.171		
400	153.535	97.875	69.131
331		110.499	76.377
420		114.914	
422		134.871	88.032
511/333		156.737	94.954
440			106.710

date were collected using copper radiation: λ(Cu Kα peak)=1.540598 Å [Deslattes and Hensins, 1973].

て，測定量Aの誤差を補正する．

この方法は，物理測定に頻繁に使われる方法である．今後も頻繁に使われるので，よく理解してもらいたい．

標準物質について必要とする物理量を精密に測定して，その測定装置の信頼性や分解能を確認しておく．次に測定すべき試料について，同じ物理測定を実施して標準物質との差を評価する．例えば，超伝導酸化物の$La_{2-x}Sr_xCuO_4$の格子定数をX線回折法で決めるとき，あらかじめ格子定数のわかっているSi粉末の回折強度分布から格子定数を求め，その装置の持つ誤差を評価してから本測定に移る．あるいは，Si粉末と測定対象の粉末を混合し，回折角のわかっているSi粉末の回折ピークと試料の回折ピークの回折角の差を評価する．表6.1に銅Kα線を使って粉末X線回折測定をする場合，標準物質として使われる3種類の結晶の回折ピークの指数と回折角を示した．

6.6 合致法

ノギス（キャリパー）を使って厚さを測る場合に副尺を使って，誤差0.05 mmの精度で厚みを計測することができる．長さ以外にも，計測精度を上げるために補助的な物差し（副尺）を用意することができる．

例えば，ある振動数の音が聞こえた場合，振動数可変の標準音源を用意し，

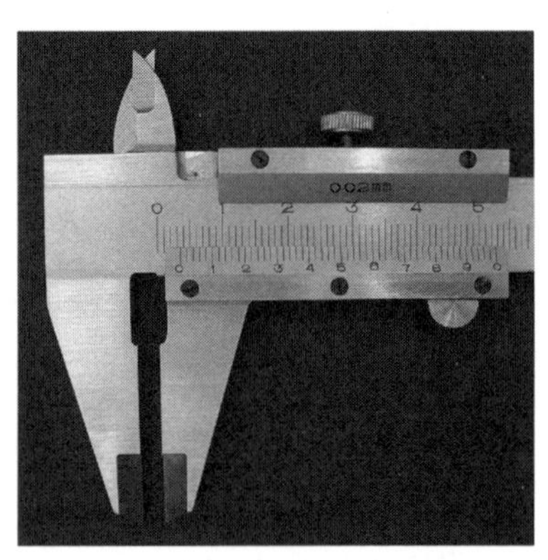

図6.10　ノギス（キャリパー）の外観．0.05 mmの精度で長さを測ることができる．

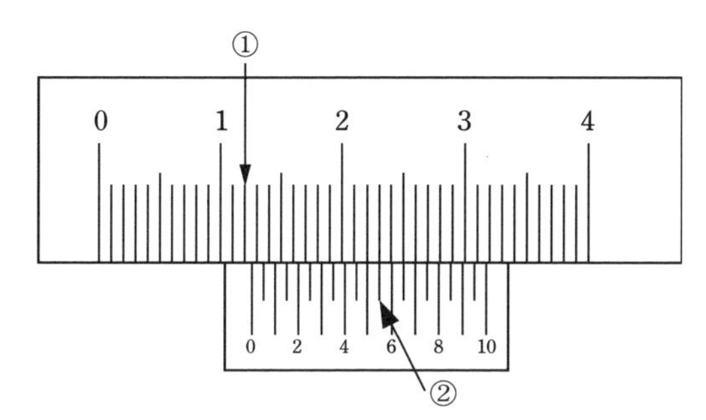

図 6.11　主尺（上段）と副尺（下段）のある測定器の例．副尺の 0 の位置①からおおよそ 12.4 から 12.6 であることがわかる．副尺と主尺の筋が一致するところ②（5.0）から 12.50 と読むことができる．

測定したい音と標準音源が「共鳴」したり,「うなり」を観測したときに標準音源の振動数から測定すべき振動数を決めることができる.

お茶の葉の善し悪しを色で判断する場合，名人なら一目でわかるかも知れないが，色見本とお茶の葉の色を比較しながら，判断するのが効率的で客観的な方法である．補助的な物差しを使って精度の高い測定をする方法が合致法である．

6.7 差動法

ある測定量が増減する場合に，その増減量だけを精密に測定する方法である．

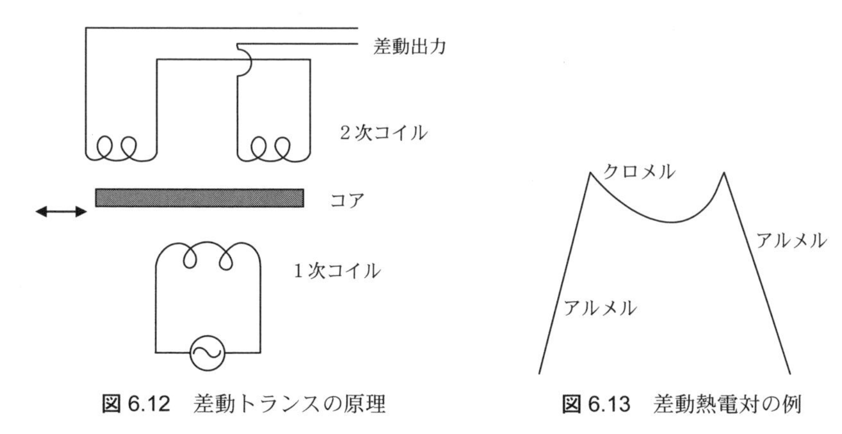

図 6.12　差動トランスの原理

図 6.13　差動熱電対の例

差動トランスを利用すると試料の長さの変化が精密に測定できる．空心トランスの半分に巻き線が巻かれ，残りの半分には逆巻きの巻き線が巻かれ，お互いの2次電圧が相殺するように結線されている．これらの巻き線は2次コイルであり，1次コイルが同じコアに巻かれ，交流が流れている．試料の一端（強磁性体であることが望ましい）がこのトランスを貫通していると，左右の2次コイルが出力する電圧の和が零になる．試料の長さが変わる（試料が左右に動く）と2次コイルの左右のバランスが壊れるので2次電圧が現れる．

2つの場所の温度差を熱電対で測定する場合，K型（アルメル・クロメル）の熱電対を使うのであれば，アルメル・クロメル・アルメルの順（クロメル・アルメル・クロメルでもよい）で溶接して2つの溶接点を温度差のある場所に取り付ける．この熱電対の出力電圧は両方の場所に温度差がなければ零であり，温度差があると出てくる．この電圧を増幅すると1/10度程度の精度で温度差を決定できる．

歪みゲージを使った体重計の原理を「6.2 偏位法」で紹介したが，差動法を使うとさらに精密な測定ができる．用いる歪みゲージの数を4本にする．この4

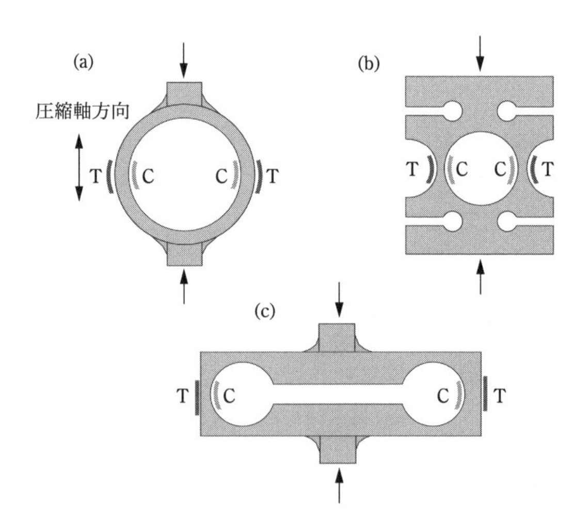

図6.14 3種類の圧縮変形検出用ブロックと歪みゲージの貼り付け位置．Tと C はそれぞれ「引張り」「圧縮」を意味する．

本は長さと電気抵抗値が同じものである．図6.14に4本の歪みゲージを貼り付けた3種類の金属ブロックを示す．このブロックを上下方向から圧縮すると，輪の内側のゲージは圧縮され，輪の外側が引き延ばされる．Cが圧縮側のゲージでTが伸ばされる側のゲージである．

図6.15に4本のゲージを使った圧縮変形の測定用ブリッジ回路を示した．歪

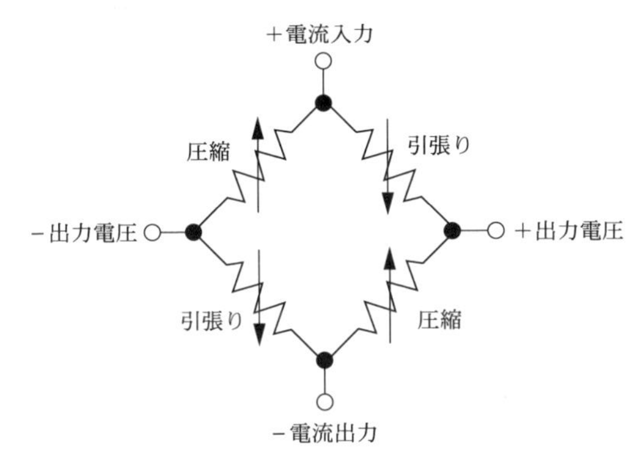

図6.15　4本のゲージを用いる場合のブリッジ回路構成

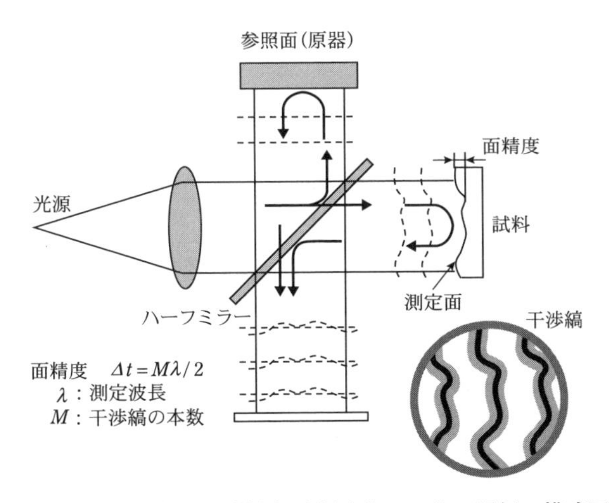

図6.16　レーザー光源を使った試料表面（右側）の凹凸の評価の模式図．レーザー光がハーフミラーで分けられて，参照面と試料面で反射し，ハーフミラーの下の光路で混合されて干渉が起き，干渉縞ができる．

回転センサー，ジャイロセンサー

スマートフォンはじめ，カメラやビデオカメラには手ぶれ防止用の回路が組み込まれていて写真の撮影失敗を防止してくれる．また，自動車の横滑り防止装置や自立型電動1輪車あるいは2輪車の駆動系には精密なジャイロ・回転・加速度センサーがついている．(株)村田製作所の展示用ロボット(右写真)にもジャイロセンサーがついているので，倒れることなく前進・後退・進路変更ができる．

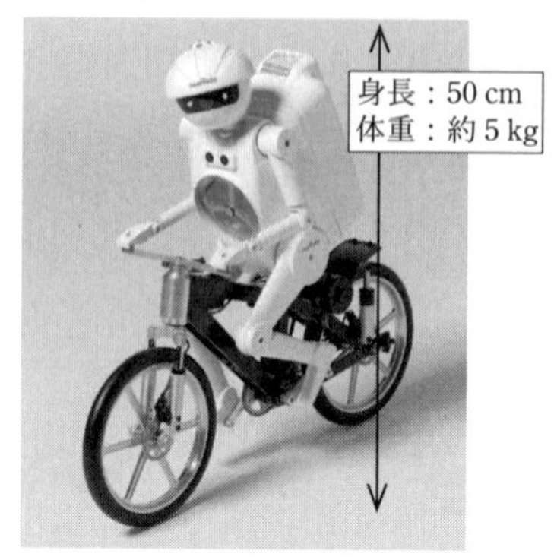

村田製作所の展示用ロボット．ムラタセイサク君®．センサーは自転車のサドルの下にある．

ジャイロセンサーの外観を示す(下図)．縦横 8.5×15 mm ほどのデバイスは z 軸方向の回転速度を検出すると同時に x, y, z 軸方向の加速度が検出できる．z 軸を回転軸とすると，最速毎秒 ±125 度まで ±0.5％の精度で測定できる．また，x, y, z 軸方向の加速度に対しては毎秒 ±2G まで測定できる．G は重力加速度である．加速度の測定精度は ±5 mG である．出力はデジタル信号である．この回転速度センサーは振動型ジャイロセンサーと呼ばれるものである．本来ジャイロは船や航空機で使われてきた回転子を使った機械的な方位決定装置を意味していたが，電気回路で代用できるようになった．電気的なジャイロセンサーは強誘電体などを使った櫛形の振動子を使ったものである．質量 m，速度 v で直線運動している運動体(振動子)が角速度 ω で強制回転されると振動方向と垂直にコリオリ力 $F_c = -2m\omega \times v$ が働いて櫛形の振動子が歪む．歪みの量を強誘電体のピエゾ電圧等として取り出して回転速度を決める．振動子の振動周波数が高いほど v が増加するのでコリオリ力が高くなり，回転速度が検出しやすくなる．x, y, z 軸方向の加速度は回路の静電容量の変化として測定できる．

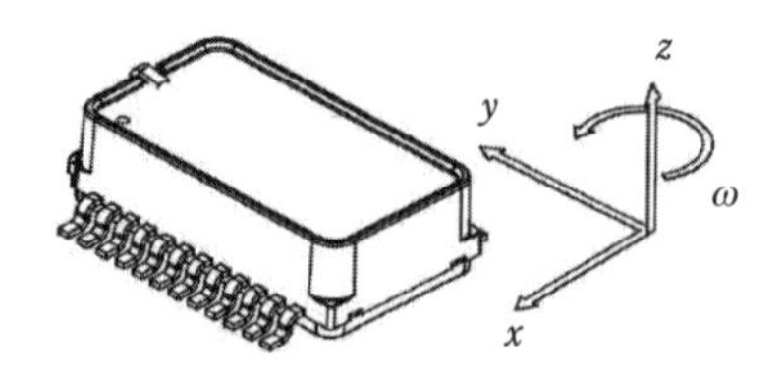

みゲージの電気抵抗値は圧縮されると減少し，伸ばされると増加する．従って，ブリッジ回路の出力電圧はゲージが1本の場合より4倍以上大きな変化を示す．

光干渉計を用いた試料表面の評価装置は凹凸を精度よく測定する機器だが，光の波長を単位に相対的な値として凹凸を精密に測定することができる．しかし，どこかに基準点を設けないと凹凸の絶対値はわからない．図6.16に光の干渉縞によって表面の凹凸を測定する装置の概念図を示す．干渉縞の間隔や屈曲から試料表面の凹凸が評価できる．現在は原子間力顕微鏡による試料表面の評価法が一般的になっている．

練習問題

1. 図表化のルールに従って次の表のデータを図示せよ（回帰直線も書き込むこと）．

x	0.11	0.18	0.33	0.41	0.49	0.63	0.67	0.81
y	0.35	0.68	1.06	1.45	1.72	2.10	2.80	3.30

2. 図表化のルールに従って次の表のデータを図示せよ（回帰直線も書き込むこと）．

x	1.1	1.8	3.2	3.9	5.2	5.9
y	9.0	7.3	5.5	4.1	1.5	–1.0
z	20.1	16.0	9.5	6.5	3.0	–3.3

3. 自家用車重量を秤量限界100 kgの家庭用体重計で計測する方法を考案せよ．
4. 伊能忠敬とシーボルトが富士山の高さをそれぞれ3732 mと3794.5 mと測定した方法を調査せよ．
   右図は富士山を含む伊能図（放射状の線に注目）

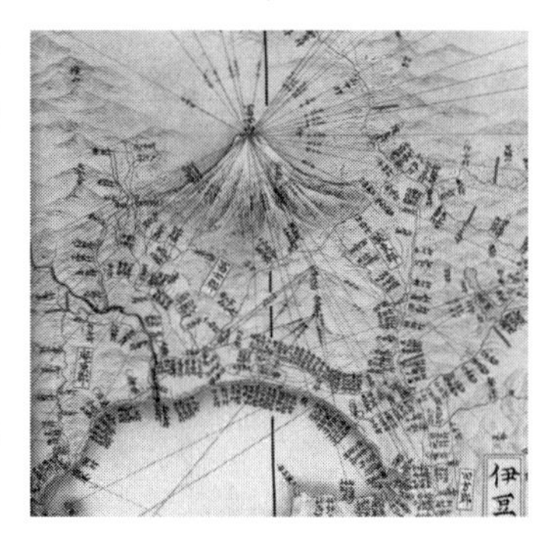

5. 入力抵抗（インピーダンス）1 MΩのデジタルボルトメータが10 V程度の電圧を5桁の精度で測定できる理由を調査せよ．

参考文献

1) M. C. Morris et al: NBS monogram 25-18 (1981).

第7章　動的応答と伝達関数 (dynamic response and transfer functions)

実際に計測器を用いて測定を行う場合，計測される物理量が時間の経過によって変化する場合がある．また，高周波電流・電圧に乗ってくる信号の大きさは周波数によって系統的に変化する．この変化は必ずしも周波数に対して線形に増減するわけではなく，特別な周波数の場合に特に見えやすくなり，その逆に信号が全く見えなくなることもある．

温度や磁場を高い精度で一定に保ち，一定の割合で温度を上昇させて，温度上昇中に温度の関数として電気抵抗率やホール定数を測定するといった実験は日常的に行われる．その際，温度や磁場を一定の値に精度良く保つことも，一定の速度で，広い温度範囲で上昇あるいは下降させることも，それほど容易ではない．それは，制御する装置の容量や安定性と制御される装置の消費電力や安定性などが必ずしも理想的ではないことによる．

例えば，直流用の電流計を交流電流の測定に使ったとしよう．交流の周波数が数ヘルツ程度なら直流電流計でも交流電流が三角関数的に変化する様子が見える．しかし，周波数が50ヘルツになると，直流電流計の針は震えながらも零付近を指したまま動かなくなる．このように，本来なら測定できるはずの装置でも周波数が高い場合や電流が急に変わるような場合には役に立たなくなる．

計測は静的な性質を測定するだけでなく，時には測定値が時間とともに変化する場合や，パラメータを時間的に変化させながら測定する場合もある．一定の周波数の交流信号を入力してその動的応答を測定する方法もある（交流測定法）．このような場合に，測定する物理量や測定装置の動的な性質をわきまえておかないと，不適切な結論を導き出す危険がある．

本章では，測定する系と測定される系に共通する動的な応答について，Laplace

変換法を利用して理解する方法を説明する.

7.1 Laplace 変換

時間に依存した線形な微分方程式の解法の一つが Laplace 変換とその逆変換を用いた方法である. Fourier 変換とその逆変換によく似たものだが, 前者が時間に依存した「過渡応答」まで取り扱うのに対して, 後者は固有値問題のような, 時間に依存しない場合の取り扱いに適している.

Laplace 変換の定義

時刻 t に依存する, 連続で積分可能な関数, $f(t)$, の Laplace 変換は次式で与えられる.

$$L\{f(t)\}=\int_0^\infty f(\tau)\exp(-s\tau)d\tau=F(s)+f^{(-1)}(t)\exp(-st)\Big|_0^\infty \tag{7-1}$$

ただし, $s=\sigma+j\omega$, σ は小さな正の実数である. $f^{(-1)}(t)$ は $f(t)$ の不定積分である.

Laplace 逆変換は次式で定義される.

$$L^{-1}\{F(s)\}=f(t)=\lim_{T\to\infty}\frac{1}{2\pi j}\int_{\sigma-jT}^{\sigma+jT}F(s)\exp(st)ds \tag{7-2}$$

我々が取り扱う動的応答についての微分方程式は時間, t, が 0 の時に $x=0$, $f(0)=0$, である場合が多いので, 式 (7-1) の右辺第 1 項だけを考えることになる. これらの式では混乱を避けるために, 純虚数を j で表す.

表 7.1 に示すような解析関数についての Laplace 変換表が与えられるので, これらを用いて, 微分方程式を解くことができる.

実際に Laplace 変換を行って微分方程式を解くときには微分方程式の解の Laplace 変換 $F(s)$ を求め, Laplace 逆変換により実際の解である $f(t)$ を得る. この際には, 留数定理を用いる. 式 (7-2) をよく見ると, $f(t)$ は $F(s)\exp(st)$ を図 7.1 の積分経路に沿って線積分していることに気が付くだろう. σ は小さな実数な

表 7.1　Laplace 変換表

$f(t)$	$F(s)$	$f(t)$	$F(s)$
1	$\frac{1}{s}$	$\sinh\alpha t$	$\frac{\alpha}{s^2-\alpha^2}$
t	$\frac{1}{s^2}$	$\cosh\alpha t$	$\frac{s}{s^2-\alpha^2}$
t^k	$\frac{k!}{s^{k+1}}$	$t\sin\omega t$	$\frac{2\omega s}{(s^2+\omega^2)^2}$
$e^{-\alpha t}$	$\frac{1}{s+\alpha}$	$t\cos\omega t$	$\frac{s^2-\omega^2}{(s^2+\omega^2)^2}$
$t^k e^{-\alpha t}$	$\frac{k!}{(s+\alpha)^{k+1}}$	$e^{-\alpha t}\cos\omega t$	$\frac{\omega}{(s+\alpha)^2+\omega^2}$
$\sin\omega t$	$\frac{\omega}{s^2+\omega^2}$	$e^{-\alpha t}\sin\omega t$	$\frac{s+\alpha}{(s+\alpha)^2+\omega^2}$
$\cos\omega t$	$\frac{s}{s^2+\omega^2}$	変数 t は $t>0$ とする.	

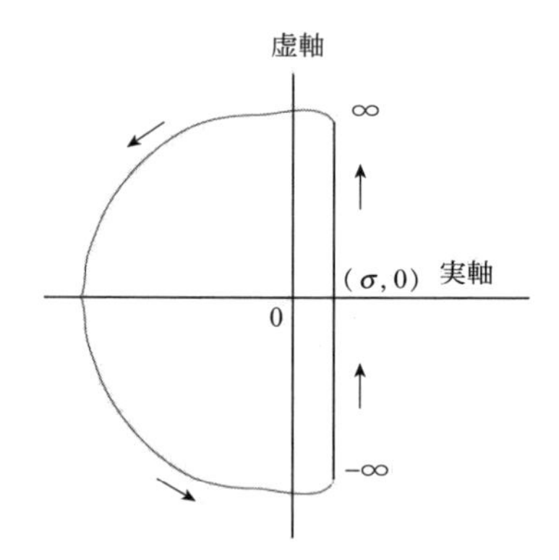

図 7.1　Laplace 逆変換の積分回路

ので，$f(t)$ は図 7.1 の閉曲線で囲まれた部分の留数の和になる.

$$f(t)=\sum_i R_i(t) \tag{7-3}$$

$s=s_i$ に 1 位の極があれば,

$$R_i(t) = \lim_{s \to s_i}(s - s_i)F(s)\exp(st) \tag{7-4}$$

$s=s_j$ に n 位の極があれば，

$$R_j(t) = \frac{1}{(n-1)!}\lim_{s \to s_j}\frac{d^{n-1}}{ds^{n-1}}\left[(s-s_j)^n F(s)\exp(st)\right] \tag{7-5}$$

Laplace 変換によって微分方程式を解くときには，まず，微分方程式を Laplace 変換して解析関数に直し，解 $F(s)$ を得る．その $F(s)$ の Laplace 逆変換を行って，最終的に $f(t)$ を求める．このときに留数定理を用いる．留数定理を忘れても，表 7.1 の Laplace 変換表を用いれば解ける（工夫は必要になる）．

7.2 留数定理による Laplace 逆変換の例

次の式を逆変換して $f(t)$ を求めよう．

$$F(s) = \sum_i \frac{\omega X_i}{(s-j\omega)(s+j\omega)(s-s_i)} \tag{7-6}$$

1 位の極が $s=s_i$ と $\pm j\omega$ にある．s_i の中でも，実部が正のものは $f(t)$ に何ももたらさないので，負のものだけを考える．負の s_i による留数は，

$$R_i = \frac{\omega X_i \exp(s_i t)}{(s_i - j\omega)(s_i + j\omega)} = \frac{\omega X_i}{{s_i}^2 + \omega^2}\exp(s_i t) \tag{7-7}$$

$s=\pm j\omega$ の場合には，

$$\begin{aligned} R_{\pm j\omega} &= \left\{\frac{\omega X_i \exp(j\omega t)}{2j\omega(j\omega - s_i)} + \frac{\omega X_i \exp(-j\omega t)}{-2j\omega(-j\omega - s_i)}\right\} \\ &= \frac{1}{2j}\{G(j\omega)\exp(j\omega t) - G(-j\omega)\exp(-j\omega t)\} \end{aligned} \tag{7-8}$$

ただし，$G(j\omega)=X_i/(j\omega - s_i)$ である．

式 (7-7)，(7-8) から，

$$f(t) = \sum_i R_i(t)$$
$$= \sum_i \left\{ \frac{\omega X_i}{s_i^2 - \omega^2} \exp(s_i t) + \frac{1}{2j}[G(j\omega)\exp(j\omega t) - G(-j\omega)\exp(-j\omega t)] \right\} \quad (7\text{-}9)$$

7.3 Laplace 変換による微分方程式の解法

Laplace 変換が最も有効な点は線形な微分方程式が Laplace 変換によって，線形な解析関数になることである．ただし，関数 $f(t)$ が連続で滑らか，かつ微分積分可能であることが保証されている必要がある．その場合に，次の関係がある．

$$L\left\{\frac{df}{dt}\right\} = sF(s) - f(t=0) \quad (7\text{-}10)$$

$$L\left\{\frac{d^n f}{dt^n}\right\} = s^n \left[F(s) - \sum_{i=0}^{n-1} \frac{f^{(i)}(t=0)}{s^{i+1}} \right] \quad (7\text{-}11)$$

ここで，$f^{(i)}(t)$ は $f(t)$ の i 階の微分である．

$$L\left\{\int f(t)dt\right\} = \frac{F(s)}{s} + \frac{f^{(-1)}(t=0)}{s} \quad (7\text{-}12)$$

ただし，$f^{(-1)}(t)$ は $f(t)$ の不定積分である．

$$L\left\{\int \cdots \int f(t)(dt)^n\right\} = \frac{1}{s^n}F(s) + \sum_{i=1}^{n} \frac{f^{(-j)}(t=0)}{s^{n-j+1}} \quad (7\text{-}13)$$

ただし，$f^{(-j)}(t)$ は $f(t)$ の j 階不定積分である．

測定系あるいは回路の動的な応答を考える場合，$t=0$ における $f(t)$，$f^{(i)}(t)$ および，$f^{(-j)}(t)$ の値は零と仮定できる場合が多いので，微分方程式の Laplace 変換は見通しの良い形になる．

7.4 1次応答系の微分方程式の解法

1 次応答系の動的応答に関する微分方程式は次式で与えられている.

$$\tau \frac{dy}{dt} + y = x(t) \tag{7-14}$$

機械的な応答系で考えれば $x(t)$ は外力であり，時間 $t=0$ では零とする．τ は時定数 (緩和時間 $\tau>0$) である．外力の加わり方として，① $\delta(t)$ 関数，②ステップ関数 : $x(t)=A \quad t>0$，③ランプ関数 : $x(t)=At$，あるいは④三角関数 : $x(t)=A\sin(\omega t)$ などを考える. A は正の定数である. それぞれの場合，$x(t)$ の Laplace 変換は，1.0，A/s，A/s^2 および，$A\omega/(s^2+\omega^2)$ となる．左辺は次式になる.

$$L\left\{\tau \frac{dy}{dt} + y\right\} = \tau s F(s) + F(s) \tag{7-15}$$

入力が，① $\delta(t)$ 関数，②ステップ関数:$x(t)=A \quad t>0$，③ランプ関数:$x(t)=At$，あるいは④三角関数 : $x(t)=A\sin(\omega t)$ の場合，$F(s)$ は次のようになる．三角関数の場合，周波数応答とも呼ぶ.

① $\delta(t)$ 関数の場合 (インパルス応答) :

$$F(s) = \frac{1}{\tau s + 1} \tag{7-16}$$

②ステップ関数 : $x(t)=A \quad t>0$ の場合 :

$$F(s) = \frac{A}{(\tau s + 1)s} \tag{7-17}$$

③ランプ関数 : $x(t)=At$ の場合 :

$$F(s) = \frac{A}{(\tau s + 1)s^2} \tag{7-18}$$

④三角関数：$x(t)=A\sin(\omega t)$ の場合（周波数応答）：

$$F(s)=\frac{A\omega}{(\tau s+1)(s^2+\omega^2)} \tag{7-19}$$

これらの $F(s)$ を Laplace 逆変換して，それぞれの場合の時間応答，$f(t)$，を求める．すなわち，

① $\delta(t)$ 関数の場合（インパルス応答）：

$$f(t)=\frac{1}{\tau}\exp\left(-\frac{t}{\tau}\right) \tag{7-20}$$

②ステップ応答：$x(t)=A\quad t>0$ の場合：

$$f(t)=A\left(1-\exp\left(-\frac{t}{\tau}\right)\right) \tag{7-21}$$

③ランプ応答：$x(t)=At$ の場合：

$$f(t)=A\tau\left(\frac{t}{\tau}-\left(1-\exp\left(-\frac{t}{\tau}\right)\right)\right) \tag{7-22}$$

インパルス応答，ステップ応答，およびランプ応答を図示したものが図 7.2，図 7.3，図 7.4 である．

それぞれの場合について，各自，留数定理を用いて計算結果（式 (7-20)～(7-22)）を確認せよ．最後の三角関数に対する応答，すなわち周波数応答，は留数定理で求める．

式 (7-19) を Laplace 逆変換する．

$$L^{-1}\left\{\frac{A\omega}{(\tau s+1)(s^2+\omega^2)}\right\}=L^{-1}\left\{\frac{A\omega/\tau}{(s+1/\tau)(s^2+\omega^2)}\right\}$$

$$=L^{-1}\left\{\frac{A\omega/\tau}{(s+1/\tau)(s+j\omega)(s-j\omega)}\right\} \tag{7-23}$$

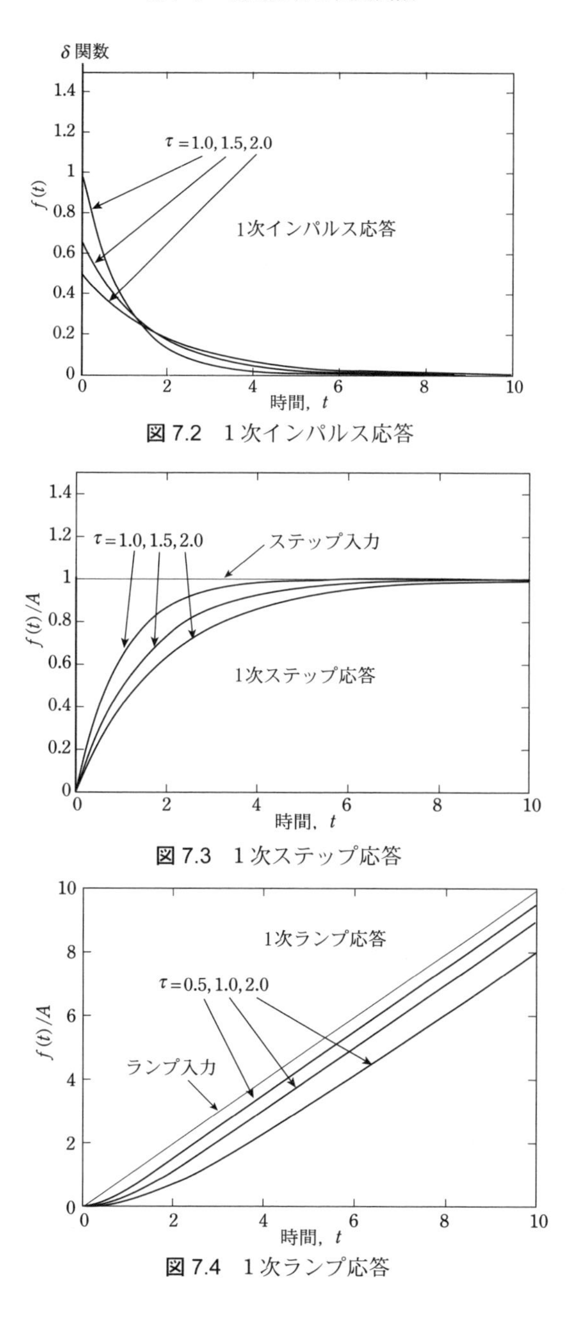

図 7.2　1 次インパルス応答

図 7.3　1 次ステップ応答

図 7.4　1 次ランプ応答

つまり，式 (7-6) とほぼ同じ計算になる．$s_j=1/\tau$，$X_i=A/\tau$ と置けばよい．

$F(s)$ には $s=-1/\tau$，$s=\pm j\omega$ に1位の極があるので，

$$R_{-1/\tau}=\frac{\dfrac{A\omega}{\tau}\exp\left(-\dfrac{t}{\tau}\right)}{\left(\dfrac{1}{\tau}\right)^2+\omega^2}=\frac{A\tau\omega\exp\left(-\dfrac{t}{\tau}\right)}{1+(\tau\omega)^2} \tag{7-24}$$

ここで，ちょっと工夫しておく．

$$\frac{\tau\omega}{\sqrt{1+(\tau\omega)^2}}=-\sin\varphi,\quad \varphi=-\tan^{-1}(\tau\omega) \tag{7-25}$$

この式の負号は後の式のためである．

式 (7-24) は式 (7-25) を使って，

$$R_{-1/\tau}=-\frac{A}{\sqrt{1+(\tau\omega)^2}}\sin\varphi\cdot\exp\left(-\frac{t}{\tau}\right) \tag{7-26}$$

残りの項は，

$$\begin{aligned}R_{\pm j\omega}&=\frac{A}{2j}\left\{\frac{\exp(-j\omega t)}{1+j\tau\omega}+\frac{\exp(j\omega t)}{1-j\tau\omega}\right\}\\&=\frac{A}{2j(1+(\tau\omega)^2)}\{(1-j\tau\omega)\exp(-j\omega t)+(1+j\tau\omega)\exp(j\omega t)\}\\&=\frac{A}{2j(1+(\tau\omega)^2)}\{-2j\tau\omega\cos\omega t-2j\sin\omega t\}\end{aligned} \tag{7-27}$$

式 (7-25) に倣って，

$$\frac{1}{\sqrt{1+(\tau\omega)^2}}=-\cos\varphi \tag{7-28}$$

と置けるので，式 (7-27) は次のように整理できる．

$$R_{\pm j\omega} = \frac{A}{\sqrt{1+(\tau\omega)^2}}\{\cos\omega t\sin\varphi + \sin\omega t\cos\varphi\}$$

$$= \frac{A}{\sqrt{1+(\tau\omega)^2}}\sin(\omega t+\varphi) \tag{7-29}$$

従って，周波数応答の式が次のように得られた．

$$f(t) = R_{\pm j\omega} + R_{-1/\tau}$$

$$= \frac{A}{\sqrt{1+(\tau\omega)^2}}\sin(\omega t+\varphi) - \frac{A}{\sqrt{1+(\tau\omega)^2}}\sin\varphi\cdot\exp\left(-\frac{t}{\tau}\right) \tag{7-30}$$

系の動的な応答は式 (7-20) ～ (7-22) および式 (7-30) で求めることができたが，いずれの場合も，長時間経つと消えてしまう項といつまでも消えない項とに分かれる．

図 7.5 においては，簡単のために，周波数応答の式 (7-30) を振幅，$A/\sqrt{1+(\tau\omega)^2}$，を 1.0 として図示している．

定常応答，過渡応答

周波数応答の場合には，式 (7-30) の右辺第 1 項がいつまでも消えない項で，

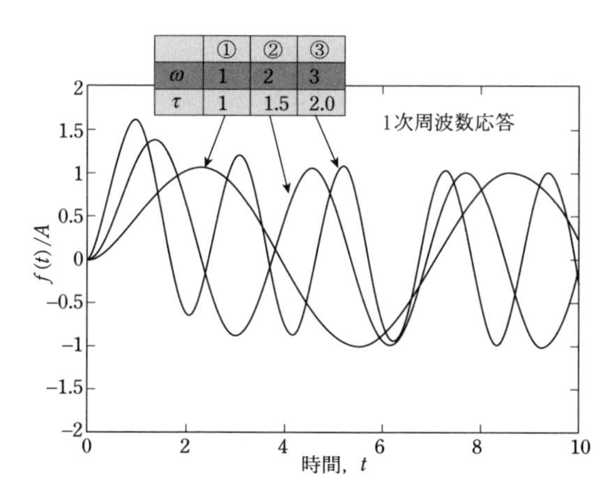

	①	②	③
ω	1	2	3
τ	1	1.5	2.0

図 7.5　周波数応答，ω と τ について図中のパラメータを仮定した．

第2項が消える項である．消えない項を「定常応答」，消える項を「過渡応答」と呼ぶ．

図7.5に示すように，入力信号が入った直後の応答には振幅の大きな成分があり，ある程度時間が経つと単振動に戻ってくる．最初の部分に「過渡応答」の影響がある．時間が経つにつれて「定常応答」になるが，その位相にはτに依存した位相の遅れ，φ，が残る．

上記の応答系は1次応答系だったが，2次応答系でも応答関数には2種類の項が現れる．入力がきてしばらくの間は過渡応答が支配的だが，長時間後，定常応答に移って行く．

Gain（増幅率），遅れ位相

周波数応答を考える場合，式(7-19)の三角関数入力，$x(t)=A\sin\omega t$，に対して，式(7-30)の第1項が定常応答になる．出力には，入力項になかったものが加わっている．

まず，振幅が $A/\sqrt{1+(\tau\omega)^2}$ に変わり，位相項，φ，が加わっている．出力信号の三角関数の振幅は角周波数，ω，が高いと小さくなる．式(7-25)に示したように，位相項には負号がついているので，出力の三角関数は入力より遅れている．

出力の三角関数の振幅についている係数，$1/\sqrt{1+(\tau\omega)^2}$ をGain（増幅率）と呼ぶ．

1次応答系の場合，位相項は常に負号をもっているが，2次応答系以上では，必ずしも出力信号の位相が遅れるわけではない．また，1次応答系ではGainは常に1.0よりも小さくなるが，2次応答系以上では特定の周波数で1.0より大きくなる場合がある．

7.5 2次応答系の微分方程式の解法

2次方程式で動的応答を議論する系が2次応答系である．1次応答系には時定数（緩和時間）τしか係数がなかったが，2次応答系には少なくとも2種類の正の定数ζとω_n^2がある（負だと発散する）．

$$\frac{d^2y}{dt^2}+2\zeta\omega_n\frac{dy}{dt}+\omega_n^2 y=\omega_n^2 x(t) \tag{7-31}$$

2 種類の定数とは ζ と ω_n^2 である．ζ は 1 次応答の場合と同様に時定数と考えてよいが，ω_n は共鳴周波数になる．

入力が，① $\delta(t)$ 関数，②ステップ関数 : $x(t)=A \quad t>0$，③ランプ関数 : $x(t)=At$，あるいは④三角関数 : $x(t)=A\sin(\omega t)$ の各場合について，計算する．

まず，式 (7-31) を Laplace 変換して，

$$s^2F(s)+2\zeta\omega_n sF(s)+\omega_n^2F(s)=\omega_n^2X(s)$$

$$F(s)=\frac{\omega_n^2X(s)}{s^2+2\zeta\omega_n s+\omega_n^2} \tag{7-32}$$

① δ 関数の場合 (インパルス応答) : $X(s)=1.0$ だが，ζ が 1.0 より小さい場合，1.0 の場合，1.0 より大きい場合で次のように違った解になる．

$\zeta<1$

$$f(t)=\frac{\omega_n}{\sqrt{1-\zeta^2}}\exp(-\zeta\omega_n t)\sin\sqrt{1-\zeta^2}\cdot\omega_n t$$

$\zeta=1$

$$f(t)=\omega_n^2 t\exp(-\omega_n t)$$

$\zeta>1$

$$f(t)=\frac{\omega_n}{\sqrt{\zeta^2-1}}\exp(-\zeta\omega_n t)\sinh\sqrt{\zeta^2-1}\cdot\omega_n t \tag{7-33}$$

ζ が 1.0 より小さい場合，振動成分が出てくるのが特徴である．

これらの解は式 (7-32) の極を見つければおのずと得られるはずである．

図 7.6 に 2 次インパルス応答の例を示した．ζ の値によって応答関数の形が変わってくる．

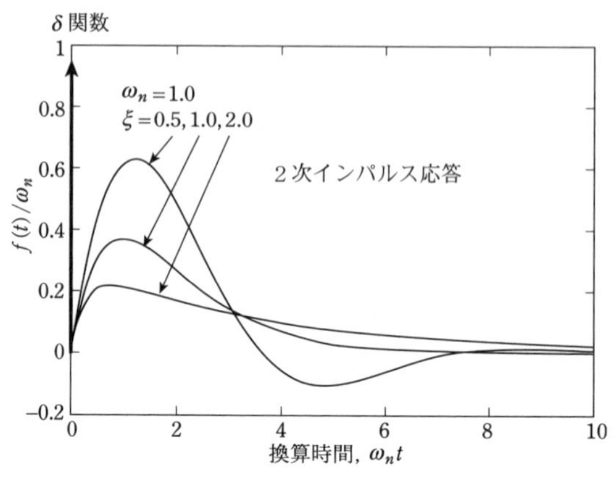

図 7.6　2次インパルス応答

②2次応答系にステップ入力があった場合，次の応答が得られる．

$\zeta < 1$

$$f(t) = A\left\{1 - \frac{\exp(-\zeta\omega_n t)}{\sqrt{1-\zeta^2}}\sin(\sqrt{1-\zeta^2}\cdot\omega_n t + \varphi)\right\}$$

$$\varphi = \tan^{-1}\frac{\sqrt{1-\zeta^2}}{\zeta}$$

$\zeta = 1$

$$f(t) = A\{1 - (1+\omega_n t)\exp(-\omega_n t)\}$$

$\zeta > 1$

$$f(t) = A\left\{1 - \exp(-\zeta\omega_n t)\left(\cosh\sqrt{\zeta^2-1}\cdot\omega_n t + \frac{\zeta}{\sqrt{\zeta^2-1}}\sinh\sqrt{\zeta^2-1}\cdot\omega_n t\right)\right\}$$

(7-34)

これらの2次応答系のステップ応答を図 7.7 に図示した．ただし，ζ はそれぞれ，0.4, 1.0, 1.4 とし，時間の単位を ω_n 単位とし，縦軸を A=1 として描いている．

ζ が 1.0 よりも小さい場合に，応答関数にはオーバーシュート（行き過ぎ）が現れる．1.0 よりも大きい場合には，応答関数はなかなか最終値に行き着けない．

ζ は応答系の制動力の大きさを表していて，1.0 よりも大きな領域を「過制動領域」，1.0 よりも小さい領域を「不足制動領域」としている．1.0 の場合が「臨界制動」の場合で，系はもっとも早く制御値に近づく．式を見れば明らかなように，不足制動領域では，応答関数は角周波数 $\sqrt{1-\zeta^2}\omega_n$ で減衰振動しながら制御値に近づく．電圧計や電流計のような制御時間を早めたい系では，ζ を 0.8 程度にし，減衰振動をさせながら，早く制御値に近づくようにしている．

③２次系にランプ入力が入った場合についても「不足制動領域」でステップ応答と似た振動現象が現れる（図 7.8）．式 (7-31) に式 (7-18) のランプ入力 ($A=1$) が加わった場合の応答関数は留数定理を使って式 (7-35) のように求めることが

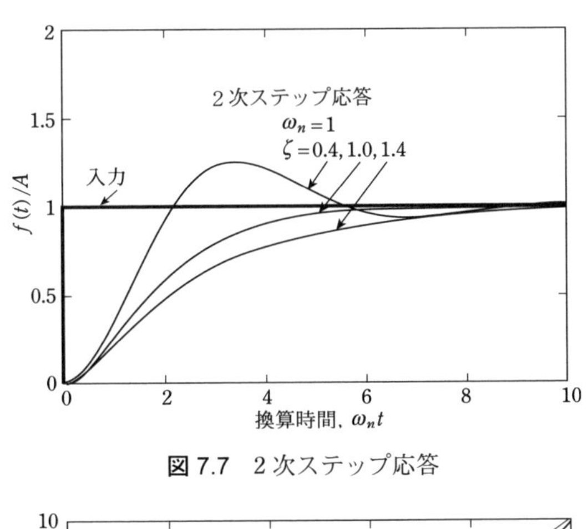

図 7.7　２次ステップ応答

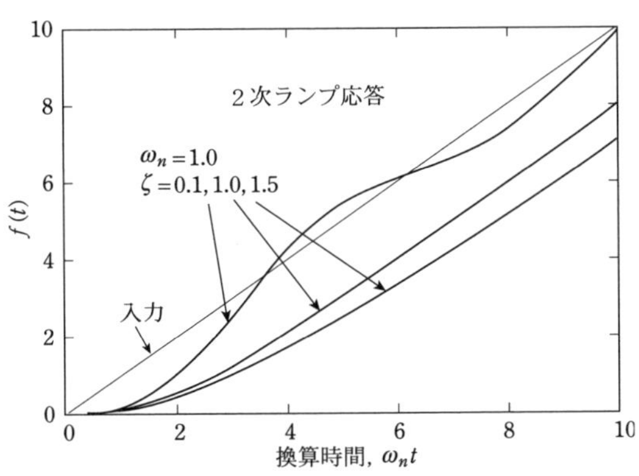

図 7.8　２次ランプ応答

できる．

$\zeta < 1$

$$f(t) = t - \frac{2\zeta}{\omega_n}\left\{1 - \frac{e^{-\varsigma\omega_n t}}{2\zeta\sqrt{1-\zeta^2}}\cos\left(\sqrt{1-\zeta^2}\,\omega_n t - \tan^{-1}\frac{2\zeta^2 - 1}{2\zeta\sqrt{1-\zeta^2}}\right)\right\}$$

$\zeta = 1$

$$f(t) = t - \frac{2}{\omega_n} + te^{-\omega_n t} + \frac{2}{\omega_n}e^{-\omega_n t}$$

$\zeta > 1$

$$f(t) = t - \frac{2\zeta}{\omega_n}\left\{1 - \frac{e^{-\zeta\omega_n t}}{2\zeta\sqrt{\zeta^2-1}}\sinh\left(\sqrt{\zeta^2-1}\,\omega_n t + \tanh^{-1}\frac{2\zeta\sqrt{\zeta^2-1}}{2\zeta^2 - 1}\right)\right\}$$

(7-35)

7.6 2次応答系の周波数応答

2次応答系の周波数応答は力学ないし解析力学で取り扱う「強制振動問題」と同じ結果になる．式(7-31)は力学系でも成り立つもので，第1項が1次元運動方程式の加速度項，第2項が粘性抵抗項，第3項がポテンシャルエネルギー項に対応している．本節の場合，強制振動の解に現れた「共振周波数」が現れる．

2次元応答系に周波数ωの入力があったとすると，式(7-31)は次のようになる．ただし，t=0のとき，x, yともに0とする．

$$\frac{d^2y}{dt^2} + 2\zeta\omega_n\frac{dy}{dt} + \omega_n^2 y = A\sin(\omega t) \tag{7-36}$$

これをLaplace変換して解く．すなわち，

$$s^2F(s) + 2\zeta\omega_n sF(s) + \omega_n^2 F(s) = \frac{A\omega}{s^2 + \omega^2} \tag{7-37}$$

$$F(s) = \frac{A\omega}{(s^2 + 2\zeta\omega_n^2 s + \omega_n^2)(s^2 + \omega^2)} \tag{7-38}$$

式(7-38)から$F(s)$にはζが1.0の場合には2つの1位の極と1つの2位の極，

それ以外の場合には4つの1位の極があることがわかる．留数定理に従ってLaplace逆変換を行うと，次式のような解が得られる．

$\zeta<1$ の場合，

$$y=\frac{A}{\sqrt{(1-u^2)^2+(2\zeta u)^2}}\sin(\omega t+\varphi)-\exp(-\zeta\omega_n t)(C_1\cos\omega t+C_2\sin\omega t) \quad (7\text{-}39)$$

ただし，

$$u=\frac{\omega}{\omega_n},\quad \varphi=-\tan^{-1}\frac{2\zeta u}{1-u^2}$$

$$C_1=\frac{A}{\sqrt{(1-u^2)^2+(2\zeta u)^2}}\sin\varphi$$

$$C_2=\frac{A}{\sqrt{(1-u^2)^2+(2\zeta u)^2}}\left(\cos\varphi+\frac{\varphi}{u}\sin\varphi\right)$$

$\zeta=1$ の場合，

$$y=\frac{A}{1+u^2}\sin(\omega t+\varphi)-\exp(-\omega_n t)(C_1+C_2\omega t) \quad (7\text{-}40)$$

$\zeta>1$ の場合，

$$y=\frac{A}{\sqrt{(1-u^2)^2+(2\zeta u)^2}}\sin(\omega t+\varphi)-\exp(-\zeta\omega_n t)(C_1\cosh\omega t+C_2\sinh\omega t) \quad (7\text{-}41)$$

これらの3式は振動する第1項と t が大きい値になると減衰してなくなる過渡応答項，第2項，から成り立っている．1次応答系と同様に，第1項の振幅の $1/A$ 倍；$1/\sqrt{(1-u^2)^2+(2\zeta u)^2}$ がGain（増幅率）であり，$\varphi=-\tan^{-1}2\zeta u/(1-u^2)$，$u=\omega/\omega_n$ が遅れ位相である．

7.7 2次応答系のボード図

Gainと遅れ位相を周波数を変数として図示したものが，ボード(Bode)図である．Gainの常用対数に20.0を掛けたもの，20 $\log_{10}$(G), がデシベル(dB)単位で表したGainになる．つまり，Gain=1.0は0 dBである．逆にGainが10.0だと

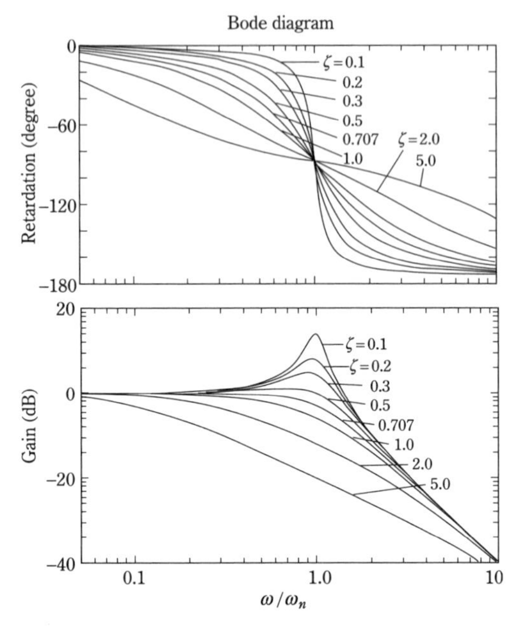

図 7.9　2次周波数応答のボード図

20 dB になる．図 7.9 の例では，ζ の値によって，挙動が異なっている．

ζ の値が 1.0 よりも小さい不足制動領域で，Gain が周波数 ω_n 付近で 0dB よりも大きい極値を取り，共振現象が起きている．遅れ位相もこの共振周波数を境に大きく変化している．正確には，$u^2=1-2\zeta^2$ のときに，Gain の極値は $1/(2\zeta\sqrt{1-\zeta^2})$ になる．共振周波数が ζ の増加によって，やや低い周波数に変化している．

一方，ζ の値が 1.0 よりも大きい過制動領域では共振が起きず，動的挙動は 1 次応答系とあまり違わない．

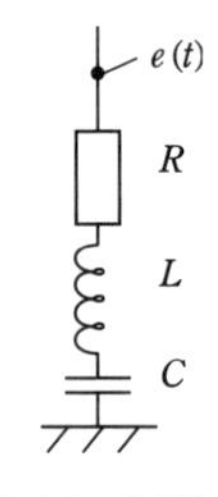

図 7.10　LCR 回路

LCR 回路の応答関数

電気回路や力学系にも 1 次応答系と 2 次応答系がある．典型的な 2 次応答系に LCR 回路がある．図 7.10 の回路に $e(t)$ という入力があったときの出力電流を計

算する (L と C の間から出力を取るように考えてよい).

電流を $i(t)$ とすると，次の式が成り立つ.

$$e(t) = L\frac{di}{dt} + Ri + \frac{1}{C}\int_0^t idt \tag{7-42}$$

Laplace 変換を行って，

$$E(s) = L\{sI(s) - i(0)\} + RI(s) + \frac{1}{C}\left\{\frac{I(s)}{s} + q(0)\right\} \tag{7-43}$$

ただし，$q(t) = \int_0^t i(t)dt$ であり，$i(0)=q(0)=0$ と仮定できれば，

$$E(s) = LsI(s) + RI(s) + \frac{1}{C}\frac{I(s)}{s} = \left(Ls^2 + Rs + \frac{1}{C}\right)\frac{I(s)}{s} \tag{7-44}$$

従って，この系も2次応答系とみなすことができる.

式 (7-31) と比較することにより，

$$\omega_n = \frac{1}{\sqrt{LC}}, \quad \zeta = \frac{R}{2L\omega_n} = \frac{R\sqrt{LC}}{2L}$$

であることがわかる.

7.8 伝達関数, Transfer function; $G(s)$

Laplace 変換を利用して系の動的応答 $y(t)$ に関する微分方程式を解くときに下の式のようにした.

$X(s)$ を入力の Laplace 変換として，1次応答系なら，

$$y(t) = L^{-1}\left\{\frac{X(s)}{\tau s + 1}\right\}$$

2次応答系なら，

$$y(t)=L^{-1}\left\{\frac{\omega_n^2 X(s)}{s^2+2\zeta\omega_n+\omega_n^2}\right\}$$

と書いた. {　} の中の $X(s)$ を除く部分を $G(s)$ と書き,「伝達関数」と命名する. すなわち，1次応答系と2次応答系の伝達関数はそれぞれ,

$$\frac{1}{\tau s+1} \quad と \quad \frac{\omega_n^2}{s^2+2\zeta\omega_n+\omega_n^2}$$

である．7.7 の式 (7-44) の LCR 回路の場合は,

$$G(s)=\frac{s}{Ls^2+Rs+\dfrac{1}{C}}$$

である.

従って, この伝達関数, $G(s)$ を用いると, Laplace 逆変換を, $y(t)= L^{-1}\{G(s)X(s)\}$ と書くことができて，便利である.

動的応答系の周波数応答を考える場合，この伝達関数が重要になる.

周波数応答とは入力が $A\sin\omega t$ の場合であり，Laplace 変換すると

$$X(s)=\frac{A\omega}{s^2+\omega^2}$$

と書ける . 過渡応答はとりあえず無視し，定常応答の部分だけについて，増幅率と遅れ位相を求める．留数定理を使って，$y(t)=R(j\omega)+R(-j\omega)$ と書くことができるので簡単である. ここで, $G(j\omega)$ とは $G(s)$ の s に $j\omega$ を代入したものである.

$$R(j\omega)+R(-j\omega)=\frac{A}{2j}\{G(j\omega)\exp(j\omega t)+G(-j\omega)\exp(-j\omega t)\} \qquad (7\text{-}45)$$

従って，Gain，すなち $y(t)$ の増幅率は，伝達関数 $G(s)$ がわかっていれば，$s=j\omega$ と置いて，絶対値を取ればよいことになった．つまり,

$$\text{Gain} = |G(j\omega)| \tag{7-46}$$

また，遅れ位相，φ も，伝達関数から，

$$\varphi = \text{Arg}\{G(j\omega)\} = \tan^{-1}\left(\frac{\text{Im}(G(j\omega))}{\text{Re}(G(j\omega))}\right) \tag{7-47}$$

と書くことができる．ただし，Argは偏角(argument)であり，ImとReはそれぞれ，虚部と実部である．

7.9 ベクトル軌跡（ナイキスト線図）

周波数応答に関して，ボード図に示された伝達関数のGain，式(7-46)，をベクトルの長さ，遅れ位相，式(7-47)，を回転角として，1枚のベクトル線図に描いたものを，「ベクトル軌跡」ないし，「ナイキスト線図」と呼んでいる．$G(j\omega)$ を横軸を実軸，縦軸を虚軸として複素数表示したと考えてもよい．
入力 $\sin\omega t$ に対する1次応答系の場合，

$$|G(j\omega)| = \frac{1}{\sqrt{1+(\tau\omega)^2}}, \quad \varphi = -\tan^{-1}(\tau\omega) \tag{7-48}$$

ゆえに，図7.11を描くことができる．図から明らかなように，ベクトル軌跡は半径0.5の円弧になる．

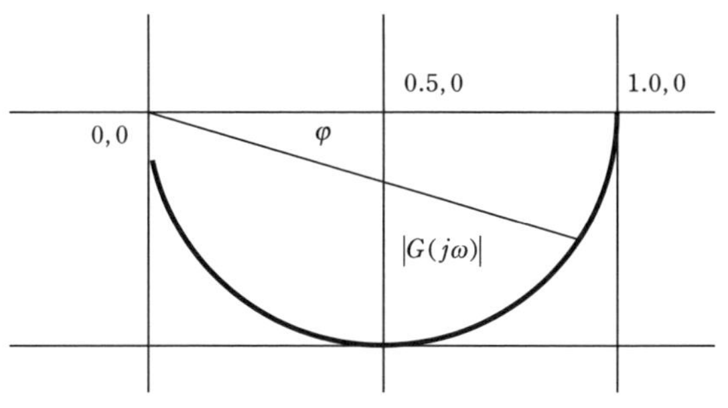

図7.11　1次応答系のベクトル軌跡

$\tau\omega$ の値を0から無限大まで変化したときのベクトルの先端の座標は，

$$X_{\tau\omega}=\frac{1}{1+\tau\omega^2}\ ,\quad Y_{\tau\omega}=-\frac{\tau\omega}{1+\tau\omega^2}$$

なので，

$$\left(X_{\tau\omega}-\frac{1}{2}\right)^2+Y_{\tau\omega}{}^2=\left(\frac{1}{2}\right)^2 \tag{7-49}$$

従って，1次応答系のベクトル軌跡は半径1/2の下向きの円弧になる．

これに対して，2次応答系のベクトル軌跡は違った形になる．1次応答系と同様に入力 $\sin\omega t$ に対して，

$$\frac{1}{\sqrt{(1-u^2)^2+(2\zeta u)^2}}$$

が $G(j\omega)$ であり，

$$\varphi=-\tan^{-1}\frac{2\zeta u}{1-u^2}\ ,\quad u=\frac{\omega}{\omega_n}$$

が遅れ位相であることを2次応答の節で示した．パラメータ u と ζ を変えて，ベクトル軌跡を描くと図7.12のようになる．

ζ が1.0よりも小さい場合に，ベクトル軌跡は大きく膨らんで，遅れ位相も，-90 度よりも小さくなるので，ベクトル軌跡は第三象限まで膨らんでゆく．ζ が1.0よりも大きい「過制動領域」では，ζ の増加によって，ベクトル軌跡は段々1次応答系に近い形になる．

ベクトル軌跡から，この応答関数系が高周波領域で安定か，あるいは不安定かを判定することができる．2次以上の動的応答を含む系では，高周波領域で，$-1.0, 0$（●点）の付近をベクトル軌跡がどのように通過するかで制御系の安定性が決まる．

図7.11に示したような1次応答系も図7.12の2次応答系も，$-1.0, 0$ を左側に見ながら最後は0.0，0.0に収斂してゆくが，伝達関数によっては，$-1.0, 0$ の

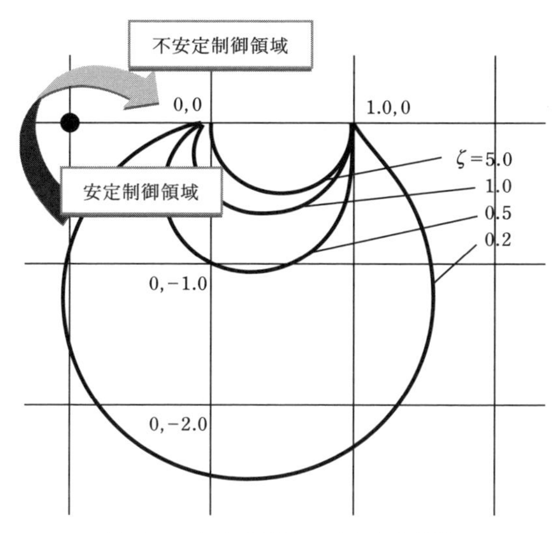

図 7.12　2次応答系のベクトル軌跡

点を右に見ながら 0.0, 0.0 に収斂する場合もある．

この場合に，応答系が不安定化する．

位相が −180 度になる周波数に至ると，入力よりも大きな逆位相の出力が出ることになり，入力に対して，強い反射波が生まれるので系全体の安定性が損なわれる．従って，このような応答系を作らないようにパラメータを調節しなければならない．

時間遅れのある系

自動応答するように設計された系には必ず応答に有限の遅れが生じる．応答系の次数とは違った現象である．時間遅れは一種のステップ関数で表わされ，スタートから α 時間までは 0 でそれ以後は 1.0 になる関数が入力に掛けられたと考える．この関数の Laplace 変換は $\exp(-\alpha s)$ である．時間遅れのある応答系の伝達関数にはこの項が加わり，

$$G_R(s) = G_0 \exp(-\alpha s) \tag{7-50}$$

と書くことができる．この場合，応答関数 $y(t)$ には時間遅れが起きるが，周波数応答の Gain は変わらない．現実の応答系の伝達関数は応答系全体にある各部分の応答関数が時間遅れを持ちながら直列・並列に絡み合っている．

7.10 Cole-Cole プロット

複素磁化率（交流帯磁率），$\chi=\chi'-i\chi''$，や複素誘電率，$\varepsilon=\varepsilon_r+i\varepsilon_i$，の測定は物性物理学の重要な分野になっている（$\chi$ と ε の複素成分の正負符号は伝統的なものである）．試料に交流電圧・電流を印加して周波数に依存したインピーダンス等を測定することによりこれらの値を測定する．磁化率測定には外部コイルとピックアップコイルの出力を位相を含めて測定する機器が必要であり，誘電率測定は LCR メータ（リアクタンス，L，キャパシタンス，C，レジスタンス，R を入力周波数の関数として測定する機器）を用いて行われる．それぞれスピンの緩和時間や電気双極子の緩和速度などを測定する．

簡単のために，図 7.13 のような等価回路でコンデンサーのキャパシタンス，C，を測定する．キャパシタンスは $C=\varepsilon S/d$（ε は誘電率，S と d はそれぞれ電極の面積と誘電体の厚さ）である．交流電圧，$e(t)$，を印加して交流電流，$i(t)$ を測定する．

この回路のインピーダンスと電流応答を Laplace 変換によって考える．式 (7-44) と似た形になる．すなわち，

$$E(s)=\left(R_1+\frac{R_2}{1+\frac{R_2}{Cs}}\right)I(s) \qquad (7\text{-}51)$$

括弧の中がこの回路のインピーダンスの Laplace 変換である．$s=j\omega$ と置くことによって周波数に依存した複素インピーダンスの Laplace 変換が得られる．次の式になる．

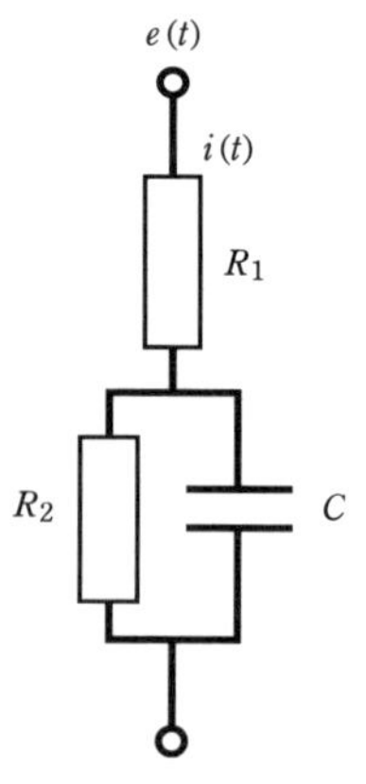

図 7.13　コンデンサーと抵抗が並列になっている回路

$$Z(j\omega) = R_1 + \frac{R_2}{R_2 + Cj\omega} \tag{7-52}$$

この式の第 2 項は 1 次応答の伝達関数とほぼ同様なので，ベクトル軌跡が半円形になることが予想できる．誘電率測定により $Z(j\omega)$ の実部と虚部が測定されるので，実部を x 軸成分，虚部を y 軸成分としてプロットする．これが「Cole-Cole プロット」である．電流応答は入力の位相よりも遅れるので，虚部はいつも負である．y 軸成分は慣習上正の側にプロットする．

図 7.14 の半円形が交流入力に対する LCR 回路の示すインピーダンスのベクトル軌跡になっている．伝達関数のベクトル軌跡と似ているが，内容的には違ったものである．

図 7.13 がコンデンサーの等価回路になっている理由は誘電体が交流電場によって Debye 型緩和を示すためである．すなわち，誘電体の応答関数は 1 次応答系のインパルス応答，式(7-20)，と同様の式(7-53)になる．τ は緩和時間である．

$$\Phi(t) = A\exp\left(-\frac{t}{\tau}\right) \tag{7-53}$$

式 (7-53) の Laplace 変換は

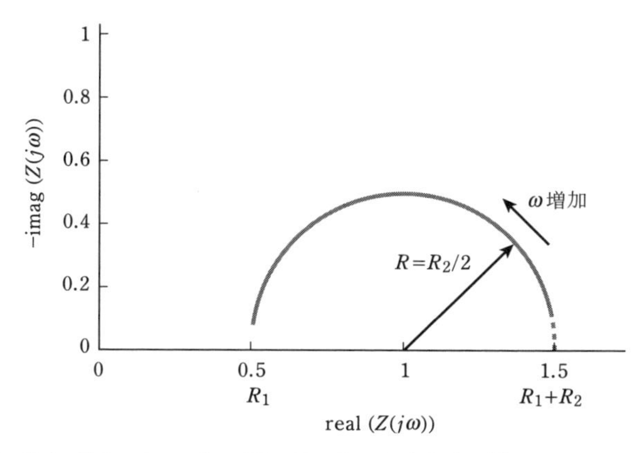

図 7.14　Cole-Cole プロットの例．R_1, R_2, C をそれぞれ 0.5, 1.0, 0.1 とした．

$$B_{t=0}+\frac{A}{1+\tau s}$$

になるので，周波数依存性は $s=j\omega$ と置くことで得られる．複素誘電率は次式のようになる．ε_∞ と ε_s はそれぞれ周波数無限大の場合の誘電率と静的(直流)な誘電率である．

$$\varepsilon(\omega)=\varepsilon_\infty+\frac{\varepsilon_s-\varepsilon_\infty}{1+j\omega\tau} \tag{7-54}$$

図7.15に複素誘電率の周波数依存性を示す．図7.15も半円図形になる．

誘電体の緩和時間 τ は動的誘電分極に関するパラメータなので，物質ごとに特有の値になるが，多くの系で数p(ピコ)秒(10^{-12}秒)である．

半円の右隅が周波数零の場合，左隅が周波数無限大の場合になっている．Cole-Coleプロットの半円の軌跡から誘電率の実部と虚部が分かり，その比 $\varepsilon''/\varepsilon'=\tan\delta$ から「損失角」，δ，を評価することができる．

複素帯磁率についても式(7-54)のような，周波数依存性があるので(7-55)式が得られる．

$$\chi^*(\omega)=\chi_\infty+\frac{\chi_s-\chi_\infty}{1+j\omega\tau} \tag{7-55}$$

いくつかの例では複素誘電率や複素帯磁率は緩和時間の異なるDebye型緩和過

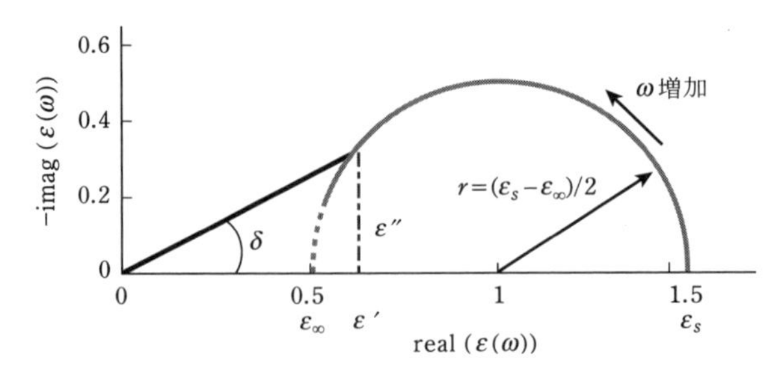

図7.15　複素誘電率の周波数依存性を示すCole-Coleプロット．$\varepsilon_\infty, \varepsilon_s, \tau$=0.5, 1.5, 0.05.

程が複数含まれた状態になっており，Cole-Cole プロットも単純な半円形にならない．温度依存性も大きい．特に転移温度付近では緩和時間が長くなる．

図 7.16 は酸化物 $La_{0.9}Sr_{0.1}CoO_3$ の複素帯磁率の周波数－温度依存性を示す．この酸化物は Co^{3+} と Co^{4+} イオンを含んでいる．そのため，低温領域で最隣接 Co^{3+} と Co^{4+} イオンの間に二重交換相互作用による強磁性結合が生まれ，最

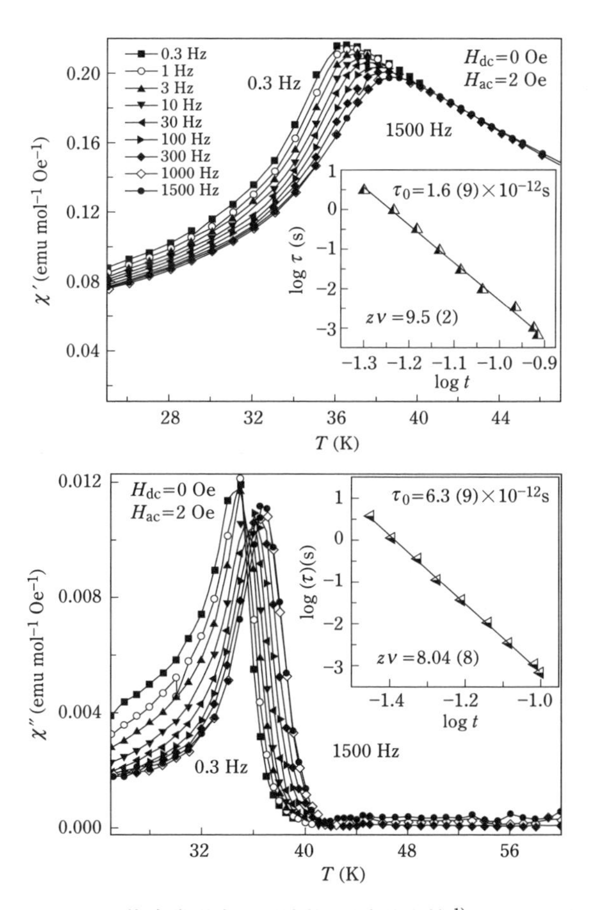

図 7.16　$La_{0.9}Sr_{0.1}CoO_3$ の複素帯磁率の周波数-温度依存性 [1]．上図と下図はそれぞれ複素帯磁率の実数成分 χ' と虚数成分 χ'' を示す．図中の挿入図は帯磁率の周波数依存性から計算した緩和時間 τ の換算温度，$t=(T-T_f)/T_f$，依存性．$\tau=\tau_0 t^{-z\nu}$ を仮定している．T_f は虚数成分 χ'' のカスプ型変化を引き起こすスピングラス転移温度 (T_f=34.8 at ω=0)．

隣接 Co^{3+} イオン同士，Co^{4+} イオン同士には反強磁性結合が生まれる．これらによって 35 K 以下でスピングラス相へと転移する．複素帯磁率にはこの相転移に伴う凸型（カスプ型）の変化が起きる．最隣接イオン同士の磁気的相互作用に時間的揺らぎがあるので図のような周波数に依存した変化が生まれる．詳しい説明は省くが，複素帯磁率の緩和時間は誘電体に比べると大変長い．

7.11 PID 制御：比例・積分・微分制御

この制御法は自動制御法の基礎として重要である．電気炉の温度制御方法として PID 制御法が用いられる場合が多いが，自動車の自動運転，スピード制御，ロボットの制御など多種多様な自動制御にも使われている．

この方法は灌がい用水槽に消費量に応じて井戸から水をくみ上げるポンプシステムの適切な制御のために考案された．消費量が余り大きくない場合には，水面の上下によってポンプを作動させたり，停止させたりすれば大概は充分である．ところが，水の消費量が時間的に大きく変わるような場合，くみ上げポンプの能力が間に合わなくなることもある．逆に大きなポンプを設置したときは，消費量以上に水を汲み上げることになって，水槽から水が溢れることすら起きる．そこで考え出されたのが，消費量に応じてポンプの能力を変えるシステムである．一定時間内に水槽内の水面がどれだけ低下するかで消費量が分かるので，その値に応じてポンプに投入する電力を変える．これが，微分動作である．水面が設定値とどれくらい違ったらポンプを作動させるかと言う点も問題で，違いに敏感すぎると，ポンプを休ませることができずに故障が相次ぐ．どの程度の違いまでは我慢するのかを決める因子も重要であり，これが現在値と設定値の差を一定時間積分する動作になっている．ポンプを停止させるのは水槽が満水になる所だが，ポンプが大きすぎると，水面が満水点を超えてもすぐに水が止まらずに水が溢れる．水槽の中に波が生じると事態はもっと悪化する．ポンプの制御に「そろそろ終わりだから，ゆっくり動け」と言う指令を組み入れたい．ポンプの能力，微分動作，および積分動作の 3 つがあって始めて滑らかで無駄のないポンプの制御になることがわかったのである．大きなポンプで水を汲み上げている所で，急にポンプを止めると，衝撃波が生じて大きな音とともにパイプが破裂する現象，water hammer 現象，があるので，ポンプが大きい場合には特に滑らかな運転が必須になる．PID 制御が考案された事例では，ポンプが大きすぎて，水槽水面に波が起き，水位を監視するセンサーが正常な働きをしなくなったことも，深刻な問題だった．

電気炉の制御では，電気炉に投入する電力を設定温度と現在の温度の差に応じて調節するようにしており，温度の差を入力，$x(t)$，投入電力を出力，$y(t)$ としている．もっとも単純な方法は，$x(t)$ が正か負かだけを判断して，投入電力の投入と切断を決めるやりかたである．ON-OFF 制御と言われている方法である．水槽の場合と同じ理由で，電気炉の温度と設定値の差の時間変化を微分する因子，D, と設定値との差を積分する因子, I, および, 温度差に比例して投入電力を決める因子, P, を最適化すると精密な電気炉の温度管理が可能になる．ON-OFF 制御のように，P 因子だけで制御することも，P と D 因子だけ，P と I 因子だけで制御することも可能である．被制御系（水槽や電気炉）の動的な応答特性に合わせて制御因子の寄与を決める必要がある．

PID 制御系の伝達関数

PID 制御系の従う微分方程式は次のように与えられる．これは，制御する電気回路の働きに関するものなので，電気炉やロボットのような被制御系の応答に関する微分方程式が分からないと，実際の動作がどうなるかは分からない．

制御系だけの微分方程式を示す．

$$y(t) = K_{\mathrm{P}}\left(x + T_{\mathrm{D}}\frac{dx}{dt} + \frac{1}{T_{\mathrm{I}}}\int_0^T x dt \right) \tag{7-56}$$

各項がそれぞれ, P, I, D 制御因子になっている．比例感度 K_{P} は制御の敏感性を決める因子になっていて，微分時間 T_{D} と積分時間 T_{I} はそれぞれ，微分項と積分項の寄与の大きさに関係している．微分項が利きすぎれば，過敏な動作になるが，熱漏れの大きい電気炉にはこれが必要である．積分項は積分時間 T_{I} が適切に設定されないと，意味のない項になる．

式 (7-56) から伝達関数，周波数応答に関する Gain および遅れ位相を求めることができる．

$$G(s) = K_{\mathrm{P}}\left(1 + T_{\mathrm{D}}s + \frac{1}{T_{\mathrm{I}}s}\right)$$

$$\left|G(j\omega)\right| = K_{\mathrm{P}}\sqrt{1 + \left(\omega T_{\mathrm{D}} - \frac{1}{T_{\mathrm{I}}\omega}\right)^2}$$

$$\varphi = \tan^{-1}\left(\omega T_{\mathrm{D}} - \frac{1}{T_{\mathrm{I}}\omega}\right) \tag{7-57}$$

PID 制御は被制御系の特性に合わせて，P, PI，PD あるいは PID 制御系として利用されている．式 (7-57) からそれぞれの場合のボード図を図 7-17 に示す．ただし, $K_{\mathrm{P}}=1.0$, $T_{\mathrm{I}}=1$, $T_{\mathrm{D}}=0.2\,T_{\mathrm{I}}$ として計算している．横軸は $T_{\mathrm{I}}\,\omega$ を単位に示している．

図面の上半分が Gain であり，下半分が位相である．図から明らかなように，周波数が増加すると，PID, PI および I 制御回路は Gain が落ちるので，安定的だが，周波数がある値 (図 7.17 では横軸が 2.0 付近) を超えると Gain が増加に転じるので，危険な制御になってしまう．PD 制御では周波数増加により Gain が上昇するので，危険である．

PID 制御の特徴的な点は，位相項が高周波領域では正になる点にあり，制御系の位相が入力よりも進むことがある．

電気炉を PID 制御する場合，電気炉内の温度の時間変化は，PID 制御系の伝達関数，$G_{\mathrm{PID}}(s)$ と電気炉の保温状況や発熱体の状況から決まる伝達関数，$G_{\mathrm{F}}(s)$ とのかけ算の伝達関数，$G_{\mathrm{PID}}(s)\cdot G_{\mathrm{F}}(s)$ に基づいて計算することになる．遅れ時間がある場合にはさらに遅れ時間の伝達関数，$\exp(-\alpha s)$ を掛ける．

このように，実際の系の伝達関数は，情報伝達に関わる系の各部分の伝達関数との掛け算によって決まる．

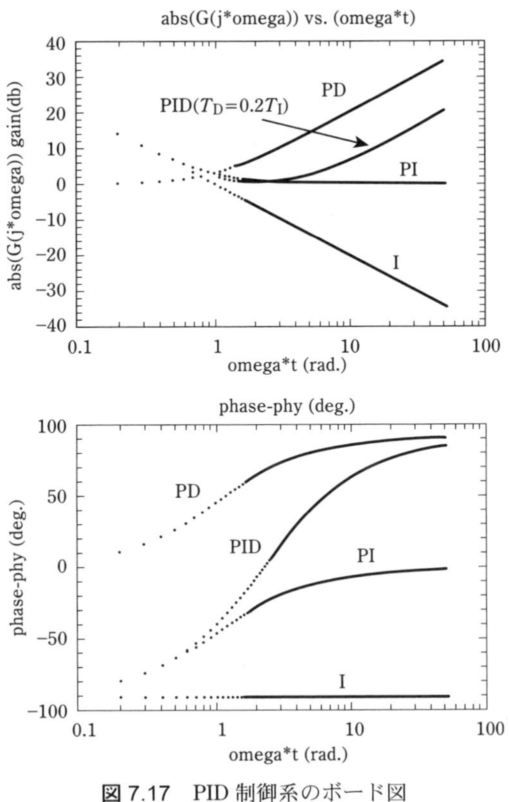

図 7.17　PID 制御系のボード図

7.12 ブロック線図

伝達関数が算術的に結合することを前節で述べた．自動制御系の伝達関数の結合状態はブロック線図と呼ばれる簡単な図形を使って説明できる．入力信号の Laplace 変換を $B(s)$ とし，出力信号の Laplace 変換を $C(s)$ とする．ブロック線図の基本形を図 7.18 に示す．

伝達関数を含むブロック線図には図 7.19 のような変換法則がある．

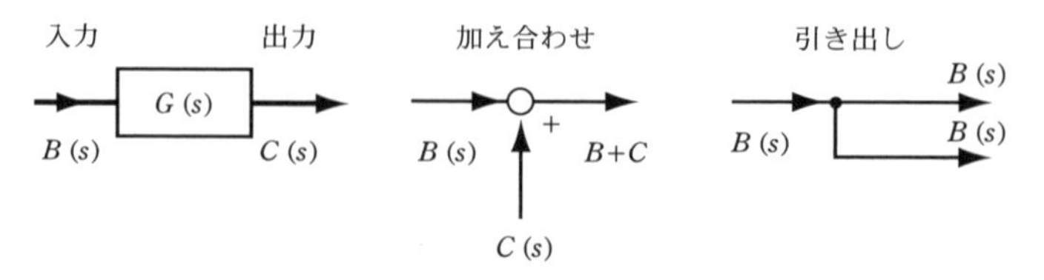

図 7.18　ブロック線図の基本形

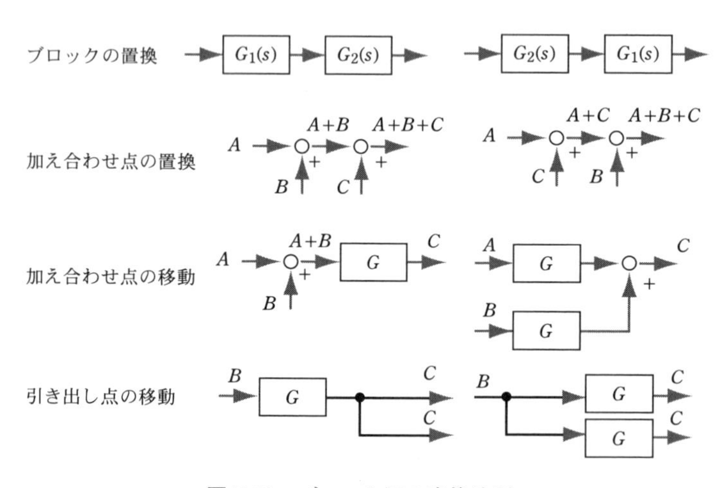

図 7.19　ブロック図の変換法則

7.13 伝達関数の結合

伝達関数の算術的な結合法則に，直列結合，並列結合および帰還結合があり，帰還回路が負号をもって結合する場合を負帰還結合，正の場合は正帰還結合と呼んでいる．電気回路の安定性を高める回路に負帰還回路（negative feedback circuit）があるが，伝達関数も負帰還結合によって安定性が増す．上記 3 種類の結合の変換則を図 7.20 に示す．

2 種類の伝達関数を通じて信号が伝達される場合には，有効な関数は掛け算になり，並列的に信号が 2 つの伝達関数を伝播して結合される場合には有効な伝達関数は 2 つの伝達関数の加算ないし引き算になる．負帰還結合の場合が一

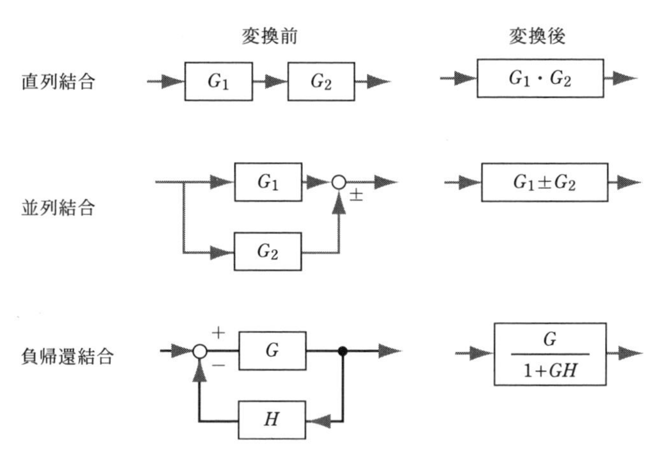

図 7.20　伝達関数の結合

番重要で，負帰還回路にある伝達関数 H の Gain が G の Gain よりも小さい場合に，有効な伝達関数が $G/(1+GH)$ と書ける．

負帰還回路では入力された信号 $B(s)$ が G と H を直列に通って，また信号に加わるので，出力は次のようになる．信号が 1 回廻るたびに $(-GH)$ 倍の余分な信号が加わるので，

$$G(s)=B(s)(G-(GH)G+(GH)^2G-(GH)^3G+\cdots \qquad (7\text{-}58)$$

この式は等比級数の足し算になっているので，両辺に GH を掛けて足し算すれば，$(1+GH)G(s)=BG$ となり，有効な伝達関数が図のようになる．伝達関数 H の Gain が G よりも大きい場合には級数は発散するので，意味のある結論には至らない．正帰還の場合も同じように計算でき，有効な伝達関数が $G/(1-GH)$ になる．この場合も H が小さいことが必要である．

7.14 負帰還回路をもった伝達関数

増幅回路に負帰還回路を設けることで，動作が安定化することが知られているが，有効な伝達関数に何が起きるのか，確かめる．1 次および 2 次伝達関数

は次のように書けた.

$$G_1(s)=\frac{1}{\tau s+1},\quad G_2(s)=\frac{1}{s^2+2\zeta\omega_n s+\omega_n^2} \tag{7-59}$$

これに, $H=0.5$（フィルター）を負帰還回路に入れる. これによって, 有効伝達関数は次のようになる.

$$G_1^e(s)=\frac{\dfrac{1}{\tau s+1}}{1+\dfrac{0.5}{\tau s+1}}=\frac{1}{\tau s+1.5}$$

$$G_2^e(s)=\frac{\dfrac{1}{s^2+2\zeta\omega_n s+\omega_n^2}}{1+\dfrac{0.5}{s^2+2\zeta\omega_n s+\omega_n^2}}=\frac{1}{s^2+2\zeta\omega_n s+(\omega_n^2+0.5)} \tag{7-60}$$

従って, 周波数応答における Gain と遅れ位相が次のように求まる.

$$\left|G_1^e(j\omega)\right|=\left|\frac{1}{1.5+\tau\omega j}\right|=\frac{1}{\sqrt{1.5^2+\tau\omega^2}}$$

$$\varphi_1=-\tan^{-1}\frac{\tau\omega}{1.5}$$

$$\begin{aligned}\left|G_2^e(j\omega)\right|&=\left|\frac{1}{-\omega^2+2\zeta\omega_n\omega j+(\omega_n^2+0.5)}\right|\\&=\left|\frac{1}{(\omega_n^2-\omega^2+0.5)+2\zeta\omega_n\omega j}\right|\\&=\frac{1}{\sqrt{(\omega_n^2-\omega^2+0.5)^2+(2\zeta\omega_n\omega)^2}}\end{aligned}$$

$$\varphi_2=-\tan^{-1}\frac{2\zeta\omega_n\omega}{\omega_n^2-\omega^2+0.5} \tag{7-61}$$

これらの式から明らかなように，いずれの場合にも，負帰還回路の設置によってGainは減少するが，遅れ位相は少なくなる．2次応答系では，共鳴周波数が高周波側にずれるので入力と出力との間に共鳴が起き難くなる．

7.15 水槽の問題

1次応答系の応用例として，水槽の問題が頻繁に使われる．

図7.21のように，複数の水槽を用意し，一番上流の水槽に水量$Y(t)$で水を注ぐ．各水槽の水面の面積はA_1およびA_2である．第一の水槽の底にパイプが出ていて，次の水槽に水量$W(t)$で水が出て行く．出て行く水量は水槽の水面の高さ$C(t)$に比例するとする．二番目の水槽でも同じように出て行く水量$Z(t)$は水面の高さ$X(t)$に比例する．$C(t)$と$X(t)$の時間変化は単位時間当たりの水の入出量を水面の面積で割り算したものになるため，次の関係式が書ける．

$$
\begin{aligned}
&A_1\dot{C}(t)=Y(t)-uC(t)\\
&A_2\dot{X}(t)=W(t)-vX(t)
\end{aligned}
\qquad (7\text{-}62)
$$

これら2つの式をLaplace変換して$C(s)$と$X(s)$について解く．($C(s)$, $X(s)$等は

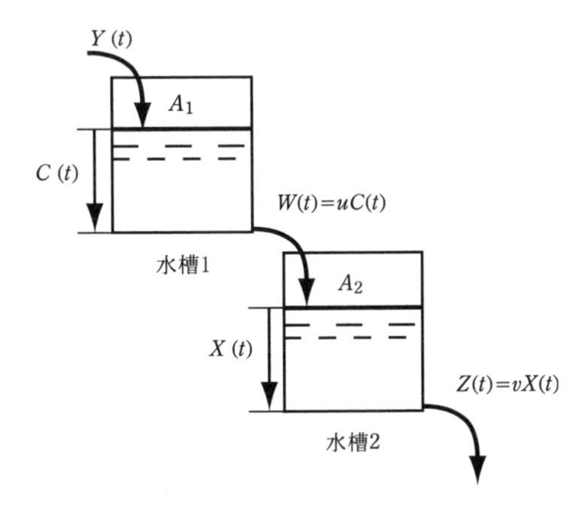

図7.21　水槽問題

$C(t), X(t)$ 等 Laplace 変換である．)

$$C(s)=\frac{1}{A_1 s+u}Y(s)=\frac{1}{u}G_1(s)\cdot Y(s)$$

$$X(s)=\frac{1}{A_2 s+v}W(s)=\frac{1}{v}G_2(s)\cdot W(s) \tag{7-63}$$

$$G_1(s)=\frac{1}{\dfrac{A_1}{u}s+1}=\frac{1}{T_1 s+1}$$

$$G_2(s)=\frac{1}{\dfrac{A_2}{v}s+1}=\frac{1}{T_2 s+1} \tag{7-64}$$

$W(s)=uC(s)$ なので，

$$X(s)=\frac{1}{v}G_1(s)\cdot G_2(s)Y(s) \tag{7-65}$$

これらの関係から，$C(t)$ と $X(t)$ の周波数応答の Gain と遅れ位相を求めることができる．

第1段目の応答

$$\left|G_1(j\omega)\right|=\frac{1}{\sqrt{(T_1\omega)^2+1}}, \qquad \varphi=-\tan^{-1}T_1\omega \tag{7-66}$$

第2段目の応答

$$\left|G_1(j\omega)\cdot G_2(j\omega)\right|=\frac{1}{\sqrt{(1-T_1T_2\omega^2)^2+(T_1+T_2)^2\omega^2}}, \qquad \varphi=-\tan^{-1}\frac{(T_1+T_2)\omega}{1-T_1T_2\omega^2} \tag{7-67}$$

これらの式から，水槽の段数と伝達関数の次数が比例していることがわかる．しかし，ω の小さい領域では $T_1T_2\omega^2$ 項が無視できるので，水槽の段数の増加とともに Gain が減り，遅れ位相が増える．これから，上流の水槽に波があっても，下流にはあまり大きな変動を与えないことがわかる．これが見事に証明されている自然現象がある．図 7.22 の写真は世界遺産に指定されている中国の黄龍の湿地の写真である．無数のテラス状の自然の池が見える．石灰を含んだ水が流れ落ちていて，少しでも水流が止まると堤防ができて池ができる．上流の池が小さく，下段が大きい．これは，上流の池の波が下段に行くほど収まるので，より大きな池ができる．自然とは言え，1 次応答系の見事な造形である．

さらに，古代に使われた時計に数個の水槽を繋いで一番下の水槽に置いた目印の浮きの位置から時間を決めた「漏刻」という水時計がある．これも，同じ 1 次応答系の特性を生かした装置である．図 7.23 は天智天皇が宮中に置いていたもので，一番上の水槽に時々水を汲み込んでおけば，かなりスムースに浮きが動き，時刻を決めることができたはずである．水槽が 4 段になっているが，段数が増えるだけ (7-64) 式にある T の項が増えるので，周波数応答が低くなり，時間が正確にわかったはずである．経験則だったとは言え，水槽の段数と水面の安定性に関係があることを古代の人達は科学知識として知っていたのである．

図 7.22　黄龍のテラス状プール

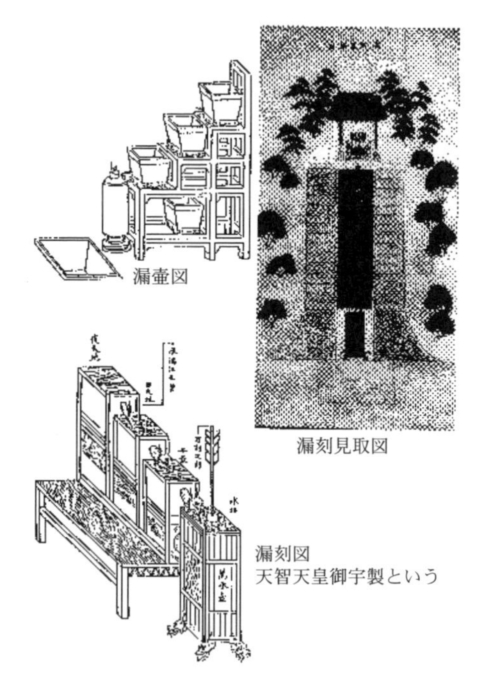

図 7.23 多段1次応答系の安定性を利用した漏刻

7.16 四端子回路

一般的な応答系には複数の入力と出力とがある．入力と出力の数が一致しないこともある．一般的な電気回路では2入力，2出力回路を単位として形成されるネットワークの動作を考える．2入力・2出力回路を「四端子回路」という名称で取り扱っている．2入力は電圧と電流に相当している．2出力も同様に電圧・電流である．この場合，伝達関数は2行2列の行列表示になる．

図7.24に示すような，簡単なRC回路が2つ繋がった系を考える．

電流と電圧をLaplace変換して次の関係を得る．ただし，電圧Vも電流Iもともに交流である．

$$V_2=(I_1-I_2)/C_1s,\quad V_3=I_2/C_2s$$
$$I_1=(V_1-V_2)/R_1,\quad I_2=(V_2-V_3)/R_2 \tag{7-68}$$

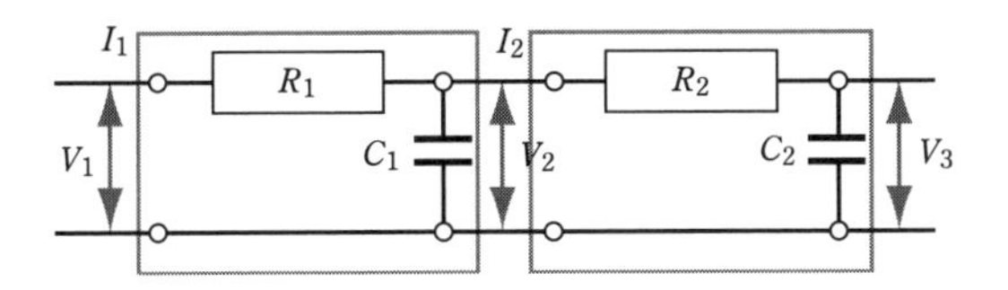

図 7.24　四端子回路

これらの関係式から I_1，I_2，V_2 を消して V_3 を求める．

$$V_3(s) = G(s)V_1(s) = \frac{1}{1+(T_1+T_2+T_3)s+T_1T_2s^2}V_1(s)$$

ただし，

$$T_1 = C_1R_1,\quad T_2 = C_2R_2,\quad T_3 = C_2R_1 \tag{7-69}$$

(7-68) 式を行列表示で考える．

$$\begin{pmatrix} V_1(s) \\ I_1(s) \end{pmatrix} = \begin{bmatrix} 1+T_1s & R_1 \\ C_1s & 1 \end{bmatrix}\begin{pmatrix} V_2(s) \\ I_2(s) \end{pmatrix}$$

$$\begin{pmatrix} V_2(s) \\ I_2(s) \end{pmatrix} = \begin{bmatrix} 1+T_2s & R_2 \\ C_2s & 1 \end{bmatrix}\begin{pmatrix} V_3(s) \\ 0 \end{pmatrix} \tag{7-70}$$

従って，これらの式を併せて，

$$\begin{pmatrix} V_1(s) \\ I_1(s) \end{pmatrix} = \begin{bmatrix} 1+T_1s & R_1 \\ C_1s & 1 \end{bmatrix}\cdot\begin{bmatrix} 1+T_2s & R_2 \\ C_2s & 1 \end{bmatrix}\begin{pmatrix} V_3(s) \\ 0 \end{pmatrix}$$

$$\begin{pmatrix} V_3(s) \\ 0 \end{pmatrix} = \left\{\begin{bmatrix} 1+T_1s & R_1 \\ C_1s & 1 \end{bmatrix}\cdot\begin{bmatrix} 1+T_2s & R_2 \\ C_2s & 1 \end{bmatrix}\right\}^{-1}\begin{pmatrix} V_1(s) \\ I_1(s) \end{pmatrix}$$

$$= [G_{ij}]\cdot\begin{pmatrix} V_1(s) \\ I_1(s) \end{pmatrix} \tag{7-71}$$

と書き下すことができた．$[G_{ij}]$ が 2 次元表示の伝達関数である．式 (7-70) と式 (7-68) は同値だが，1 次元ではない場合の伝達関数が行列表示になることが理解できたはずである．

練習問題

1. 2次応答系 (7-32) において，インパルス応答が式 (7-33) になることを示せ.
2. 同じく，2次応答系にステップ入力があった場合，式 (7-34) の応答が得られることを示せ.
3. ランプ入力が $\zeta=1$ の2次応答系にあるときの応答，$f(t)$，を求めよ.
4. 2次応答系の周波数応答について，$\zeta=0.1$，0.2，0.5 の場合の共振周波数とGainの最大値を求めよ.
5. 式 (7-19) に示した1次応答系の周波数応答の式を参考にして，1次応答系のボード図を作製せよ.
6. 式 (7-44) に示したLCR回路の動的応答に関するLaplace変換を参考にして，次の場合の $i(t)$ の式を求めよ.

   6.1 インパルス入力，$E(s)=E_0$

   6.2 ステップ入力，$E(s)=E_0/s$
7. 式 (7-44) に示したLCR回路の動的応答の式からボード図を作製せよ.
8. 式 (7-39) に示した2次応答系の伝達関数のボード図を描け.
9. 式 (7-44) に示したLCR回路の $L=0$ の場合について，伝達関数のボード図を描け.
10. 次のPID制御系の伝達関数のベクトル軌跡 (ナイキスト線図) を描き，制御系の安定性について述べよ.

    ① $K_P=1.0$，$T_I=1$，$T_D=0.2T_I$

    ② $K_P=1.0$，$T_I=1$，$T_D=0$
11. 式 (7-44) に示したLCR回路の伝達関数があるとき，負帰還回路に $H(s)=0.5Ls$，$0.5R$，$0.5/Cs$ がある場合の伝達関数をそれぞれ示せ.
12. 前問の伝達関数のベクトル軌跡を描け (L，C，R の定数は零以外の適切な値とせよ).
13. 式 (7-61) に示した負帰還回路を含む2次応答系のボード図を示せ. ζ は5.0，1.0，0.5，0.1とせよ.
14. 水槽問題で出てきた伝達関数 $G_1(s)$ と $G_1(s)G_2(s)/v$ のボード図を比較して描け. ただし，$T_1=T_2=0.1$，$1/v=0.5$ とせよ.

15. 式 (7-71) にある 2×2 の伝達関数行列，G_{ij} を求めよ．

参考文献

1)　N. Khan et al.: J. Appl. Phys., **113** (2013) 183909-1-9.

練習問題解答例

第 1 章 (p.16)

1. a. 5.56(9),

   b. 5.53(7),

   c. 標準偏差を考慮すると有意な差があるとは言えない.

2. a. 13.9(4) および 14.2(2),

   b. 標準偏差を考慮すると有意な差はない.

   c. 小数点以上 2 桁を有効桁数として良い(あるいは小数点以下は誤差 0.4 として 2 桁半と言っても良い).

3. 平均値と標準偏差がそれぞれ 10.0 と 0.1 になるので, 測定精度は 1%である.

4. 6 回の測定の平均値と標準偏差は 501 g と 7 g になるので, 350 g, 250 g, 150 g の秤量には問題がない. 標準偏差は 7 g なので, ボトムラインは 10 g の桁である.

第 2 章 (p.30)

1.1 度数分布の図

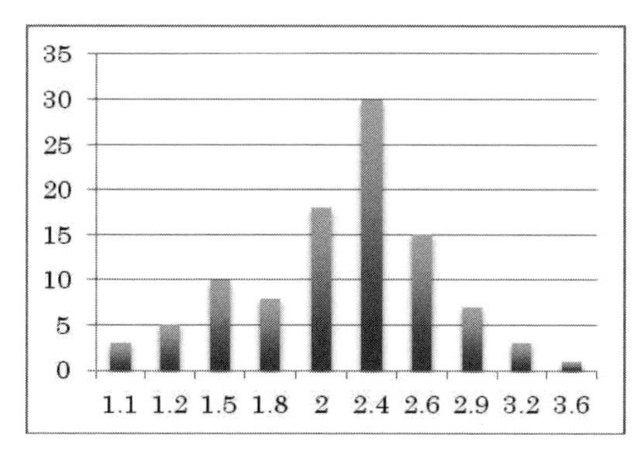

1.2 平均値　2.2

1.3 標準偏差　0.5

1.4 メジアン　2

1.5 モード　2.4

2.1 平均値　12.456 mm

2.2 標準偏差　0.009 mm

2.3 公差　0.01 mm として良い.

2.4 直径は 12.46(1) mm とすべきである.

3.1 0.3989

3.2 $(x-x_0)=\pm 1.177\sigma$

3.3 $(x-x_0)=\pm 1.959\sigma$

4.1 EXCEL を利用して作図した.

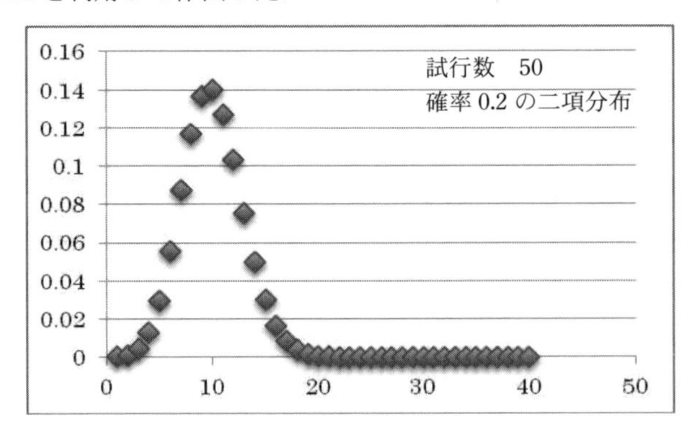

4.2 式 (2-5) から 0.0565

4.3 BIOM.DIST(10, 50, 0.2, 0)=0.1398

5.1 平均値　617.5

標準偏差　116.6

5.2 Poisson 分布を仮定した標準偏差 $=\sqrt{617.5}=24.8$

5.3 $617.5\times 60/5\times 8.2\times 10^{-6}=0.06$ mSv/ 時間

6.1 正規分布している母集団から比較的少数の標本を抽出する．標本数が少ないので，分布関数通りの標本にはならない.

6.2 次の表になる．最初の値は T.INV (0.1, 2)=−1.8856 から求めている．0.1 は平均値より小さい方の積分値である.

標本数	σ（80％領域）
2	1.885618083
3	1.637744354
4	1.533206274
5	1.475884049
6	1.439755747
7	1.414923928
8	1.39681531
9	1.383028738
10	1.372183641
11	1.363430318
12	1.356217334
13	1.350171289
14	1.345030374
15	1.340605608

第 3 章 (p.45)

1. 1 $A+B+C=14.32(5)$，$A-B+C=-6.12(5)$，$2A+B-C=17.88(9)$，

$A+B-10C=8.4(3)$

1. 2 $A\cdot B=36.4(4)$，$B\cdot C=5.5(3)$，$A\cdot B\cdot C=20(1)$，$A/B=0.35(1)$，

$B\cdot C/A=1.55(9)$

1. 3 $\log_e A+\log_e B=1.27(1)+2.324(2)=3.59(1)$，$\sin B\cdot\cos C=0.249(6)$，

$|A|\cdot|C|=1.9(1)$

2. 1 底面の面積 $=11.7(9)\ \mathrm{cm}^2$

2. 2 三角錐の体積 $=40(2)\ \mathrm{cm}^3$

2. 3 3 斜面の面積の合計 $=81(5)\ \mathrm{cm}^2$

3. 1 表面積 $=345(4)\ \mathrm{cm}^2$

3. 2 体積 $=603(10)\ \mathrm{cm}^3$

4. 巻き尺の相対誤差が 0.0001 なので，以下のようになる．

4. 1 底辺 53.36 m，高さ 22.67 m　: $604.8(1)\ \mathrm{m}^2$

4. 2 底辺 77.27 m，高さ 66.23 m　: $2558.8(5)\ \mathrm{m}^2$

4. 3 底辺 22.22 m，高さ 10.50 m　: $116.65(2)\ \mathrm{m}^2$

5. 1 横軸に回数（1500 回の整数倍）縦軸に原点からの距離を計算したものを図示する.

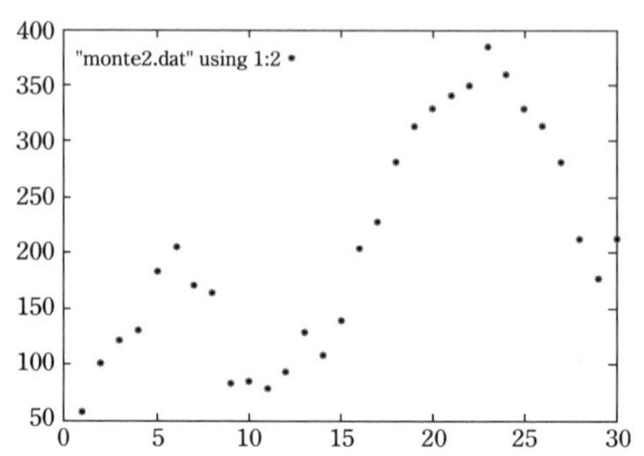

5. 2 辿った経路を図示すると下のようになる.

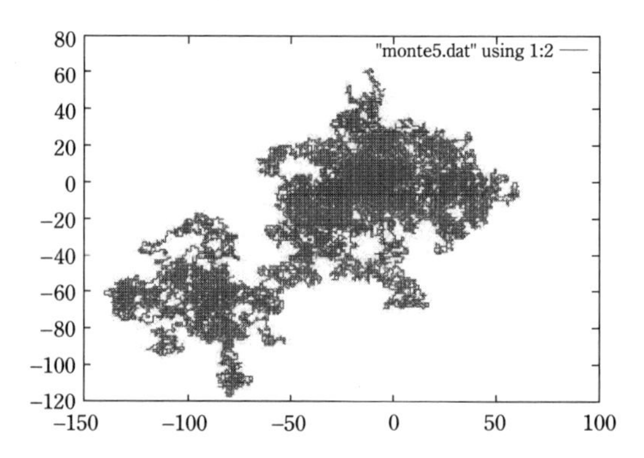

5. 3 出発が少し違うとかなり違った絵が出る.

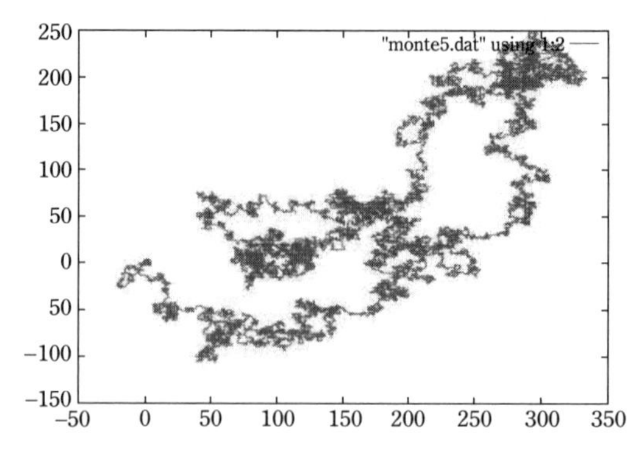

5. 4 三次元になるとかなりデータが落ち着いて，拡散らしくなる．

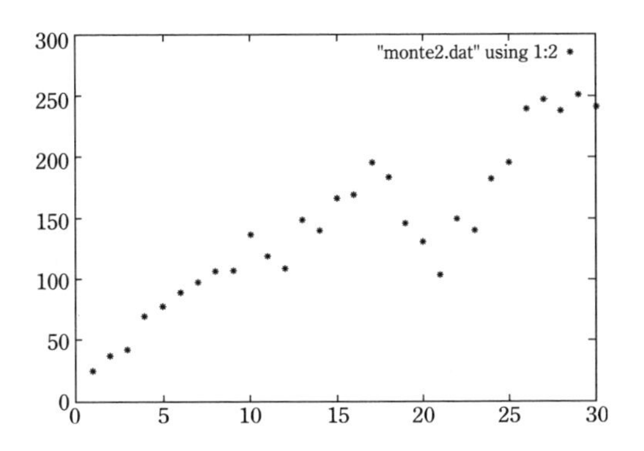

第 4 章 (p.66)

gnuplot を使って計算すると以下のようになる．

1. 1 $a=-0.071$,　$b=3.799$

1. 2 $\sigma_a=0.07$,　$\sigma_b=0.1$

1. 3 $a=-0.07(7)$,　$b=3.82(12)$,　$c=-0.02(50)$

1. 4 データが 10 個で自由度 8 の場合，95％領域の σ は t 分布表から 2.306 になるので，その値を使った 95％領域と元のデータをプロットしたものを示す．$\pm\sigma_y$ だけだと図示した幅の 1/2.306 倍である．

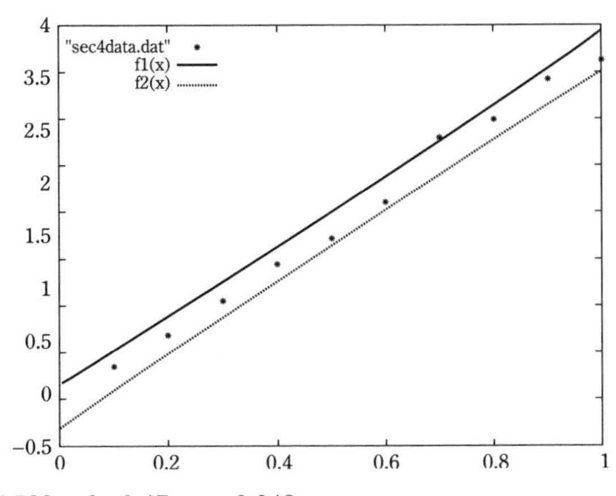

2. 1 $a=4.523$,　$b=0.47$,　$c=0.048$

2. 2 下図のようになる．

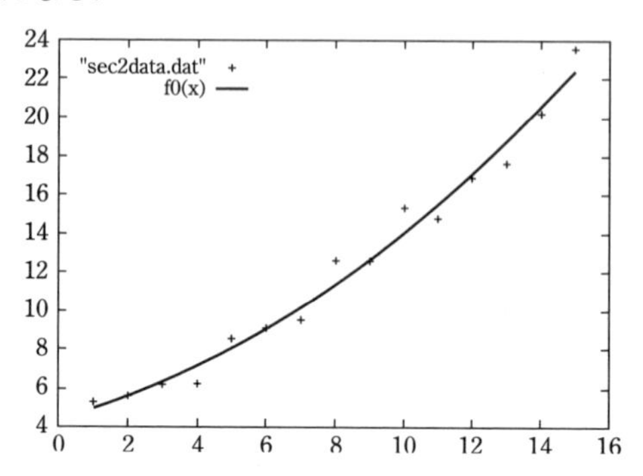

2. 3 EXCEL を用いても gnuplot を用いても良い．

$\sigma_a=0.74$,　$\sigma_b=0.21$,　$\sigma_c=0.013$

2. 4 自由度は 15−3=12 であり，95％領域の σ は t 分布表から 2.179 になることがわかるので，下図が得られる．$\pm\sigma_y$ だけで示すと，図示した幅の 1/2.179 倍である．

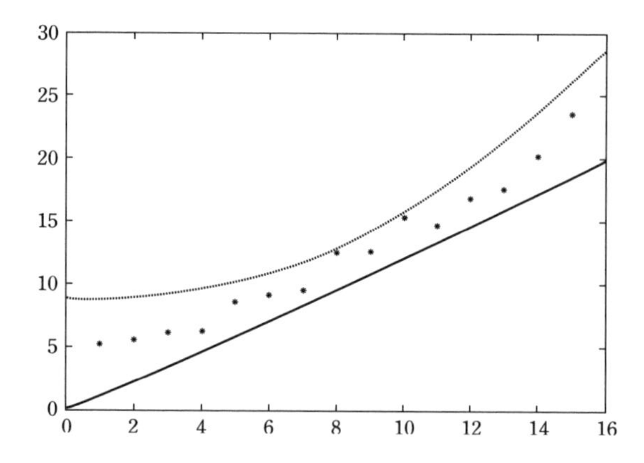

3. 1 $a=5.36$,　$b=-0.309$

3. 2 $\sigma_a=0.044$,　$\sigma_b=0.0030$

3. 3 関数の掛け算なので，相対誤差から計算する．

$y=5.36(4)\exp(-0.309(3)x)$ が回帰関数になる．

自由度 12 の場合の 95％領域の σ は t 分布表から 2.179 になる．

相対誤差は $\delta_a = 0.04/5.36 = 0.008$，$\delta_b = 0.003/0.309 = 0.01$ になる．
従って，95％領域は次の式の範囲である．

$$y(x) = a\exp(-bx) \times (1 \pm 2.179 \times \sqrt{\delta_a^2 + \delta_b^2(-b\exp(-bx))^2(x-\bar{x})^2})$$

データとともに示すと次のようになる．

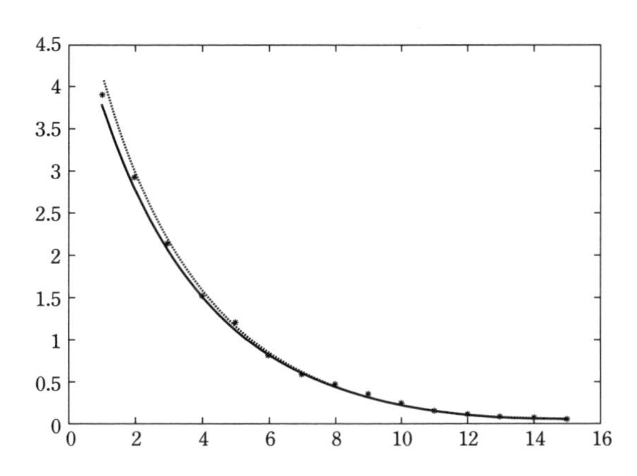

第 5 章 (p.83)

1. $y = a + bx$ に回帰すると $a = 11.04(18)$，$b = 1.032(44)$ である．この値から次のようになる．

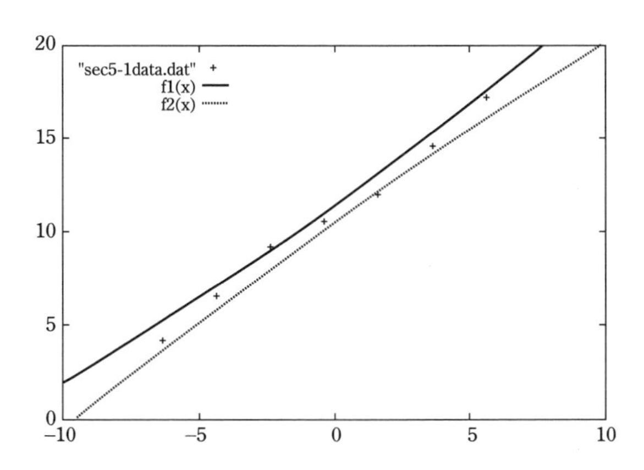

2. $y=a+bx+cx^2$ に回帰すると，$a=10.99(30)$，$b=1.035(51)$，$c=0.003(14)$ が得られる．従って，次の図面になる．

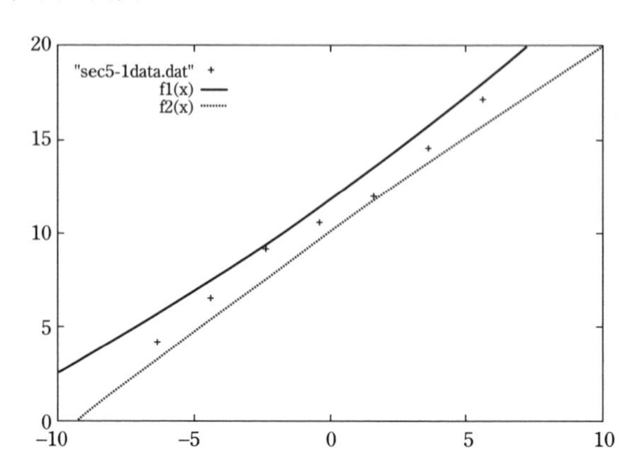

3. 1　x の平均値 = 3.5，y の平均値 = 4.15

3. 2　x と y の共分散 = 28.55

3. 3　相関係数 = 0.98

4. 1 x の平均値 = 3.5，y の平均値 = 4.4，z の平均値 = 8.617

4. 2 定義式 (5-4) から求める．EXCEL 等を利用して相関係数と偏相関係数を求める．

$\rho_{xy}=-0.994$，$\rho_{yz}=0.990$，$\rho_{zx}=-0.994$

$\therefore \rho_{xy\cdot z}=-0.013$，$\rho_{yz\cdot x}=0.131$，$\rho_{zx\cdot y}=-0.674$

5. EXCEL で計算すると CHISQ.INV.RT(0.05,6)=12.59 となるので，有意水準 5% で適合しているとは言えない．

6. イカサマでないならば，各出目の推定値は 30 回なので，χ^2 は 8.4 になる．問題 5 と同様に有意水準 5% と 10% の場合について χ^2 の最大値を計算すると，それぞれ 12.6 と 10.6 になるので，イカサマとは言えない．

7. 各出目の現れる回数の推定値はそれぞれ 11.1，22.2，33.3，44.4，55.6，66.7，55.6，44.4，33.3，22.2，11.1 回になるので，χ^2 は 6.64 になる．自由度 11 で有意水準 5% とすると χ^2 の最大値は 19.7 になるので，有意水準 5% で正しいと言える．

8. a=37.473, b=2.216 になる．データと直線との差から χ^2 を計算する．χ^2=0.27 となるので，有意水準 5%の χ^2 の最大値 12.6 よりも充分に小さく，適合している．
9. 回帰直線の a と b はそれぞれ 35.187 と 2.711 であり，2 次関数の a, b, c はそれぞれ 36.32, 2.286, 0.030 になる．χ^2 をそれぞれの場合について計算すると，直線の場合は 0.274，2 次関数の場合は 0.260 なので，多少 2 次関数の方が近似の程度は良い．しかし，(5-12) 式を用いて F 検定してみると，2 つの χ^2 の差についての F は 0.23 であり，FINV(0.05,1,6)=5.99 なので，有意水準 5%で差があるとは言えない．
10. 直線回帰の場合と 2 次関数回帰の場合の χ^2 を計算すると，それぞれ 0.109 と 0.116 になり，2 次関数回帰の方が若干大きい．したがって，直線回帰の方が適合性が高い．
11. 直線回帰の場合と自然対数回帰の場合の χ^2 を計算すると，それぞれ 0.065 と 0.165 になる．従って直線回帰の方が適合している．しかし，パラメータの数は前者が 2 個で後者が 1 個である．χ^2 の差について，(5-12) 式を用いて F 検定する．F=2.424 となるが，FINV(0.05, 1, 5) = 6.607 なので，有意水準 5%で有意な差があるとは言えない．

第 6 章 (p.99)

1.

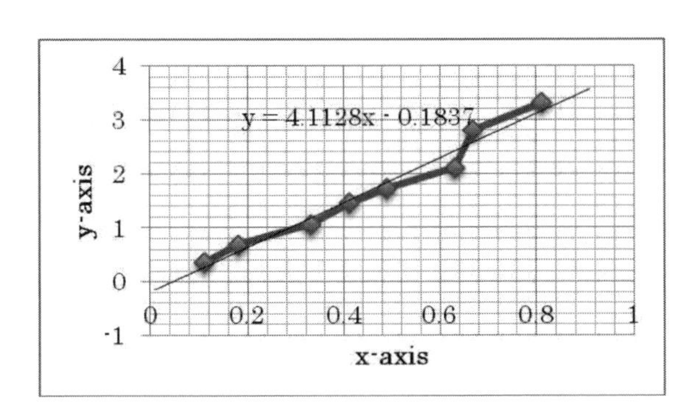

2.

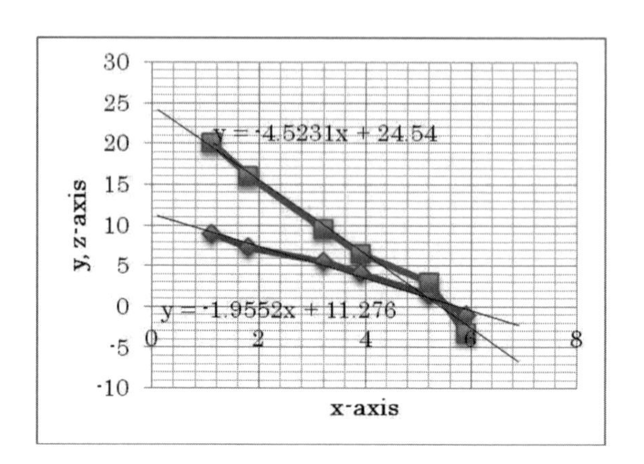

3. 自家用車の重量は最大 2 t 程度である．前輪と後輪の引き受ける重量には多少の差がある．
   梃子の原理を応用すると良い．車輪の下に長さ 1 m 程度のメモリのついた梃子をさしこんで 1 本の車輪を少し持ち上げて隙間に体重計を入れる．車輪の太さが 15 cm 程度なので，梃子の長さを調整すればそれぞれの車輪が引き受けている重量が量れる．
4. 伊能忠敬は富士山の高さを図中の放射状の線を基線として三角測量で求めているが，シーボルトは気圧変化から計算した．シーボルトの弟子が気圧計を抱えて富士山登山している．
5. FET（電界効果型トランジスタ）を使っている．FET のゲートに入力電圧を入れている．FET の出力電流を標準抵抗器で受け，標準抵抗の示す電圧変化を 12 ビットのデジタル変換チップで読み出している．

第 7 章 (p.138)

1. $\chi(s)=1$
   $\zeta>1$
   この場合，$F(s)$ の 1 位の極が次のところにできる．

$$s=(-\zeta\pm\sqrt{\zeta^2-1})\omega_n$$

留数定理から $f(t)$ が次のように求まる．

$$f(t)=\frac{\omega_n}{2\sqrt{\zeta^2-1}}\exp(-\zeta+\sqrt{\zeta^2-1})\omega_n t+\frac{\omega_n}{-2\sqrt{\zeta^2-1}}\exp(-\zeta-\sqrt{\zeta^2-1})\omega_n t$$

$$=\frac{\omega_n}{\sqrt{\zeta^2-1}}\exp(-\zeta\omega_n t)\sinh(\sqrt{\zeta^2-1}\omega_n t)$$

$\zeta=1$

この場合，$s=-\omega_n$ に 2 位の極ができる．従って，

$$f(t)=\frac{d}{ds}[\omega_n^2\exp(st)]_{s=-\omega_n}=t\omega_n^2\exp(-\omega_n t)$$

$\zeta<1$ の場合，1 位の極が次のところにできる．

$$s(-\zeta\pm j\sqrt{1-\zeta^2})\omega_n$$

留数定理から $f(t)$ が次のように求まる．

$$f(t)=\frac{\omega_n^2}{2j\sqrt{1-\zeta^2}\omega_n}\exp(-\zeta\omega_n+j\sqrt{1-\zeta^2}\omega_n)t-\frac{\omega_n^2}{2j\sqrt{1-\zeta^2}\omega_n}\exp(-\zeta\omega_n-j\sqrt{1-\zeta^2}\omega_n)t$$

$$=\frac{\omega_n}{2j\sqrt{1-\zeta^2}}\exp(-\zeta\omega_n t)[\exp(j\sqrt{1-\zeta^2}\omega_n t)-\exp(-j\sqrt{1-\zeta^2}\omega_n t)]$$

$$=\frac{\omega_n}{\sqrt{1-\zeta^2}}\exp(-\zeta\omega_n t)\sin\sqrt{1-\zeta^2}\omega_n t$$

2. 式 (7-33) においてステップ入力の Laplace 変換は $\chi(s)=A/s$ になる．

$\zeta>1$

この場合，3 つの 1 位の極が次のところにできる．

$$s=(-\zeta\pm\sqrt{\zeta^2-1})\omega_n,\quad s=0$$

留数定理から，前 2 者の留数は次のようになる．

$$R((-\zeta+\sqrt{\zeta^2-1})\omega_n)+R((-\zeta-\sqrt{\zeta^2-1})\omega_n)$$

$$=\frac{A\exp(-\zeta\omega_n t)}{2\sqrt{\zeta^2-1}}\left[\frac{\exp\sqrt{\zeta^2-1}\omega_n t}{-\zeta+\sqrt{\zeta^2-1}}-\frac{\exp-\sqrt{\zeta^2-1})\omega_n t}{-\zeta-\sqrt{\zeta^2-1}}\right]$$

$$=\frac{A\exp(-\zeta\omega_n t)}{2\sqrt{\zeta^2-1}}\left[\frac{(-\zeta-\sqrt{\zeta^2-1})\exp\sqrt{\zeta^2-1}\omega_n t}{\zeta^2-\zeta^2+1}-\frac{(-\zeta+\sqrt{\zeta^2-1})\exp-\sqrt{\zeta^2-1}\omega_n t}{\zeta^2-\zeta^2+1}\right]$$

$$=\frac{A\exp(-\zeta\omega_n t)}{2\sqrt{\zeta^2-1}}[-2\zeta\sinh\sqrt{\zeta^2-1}\omega_n t-2\sqrt{\zeta^2-1}\cosh\sqrt{\zeta^2-1}\omega_n t]$$

$$=-A\exp(-\zeta\omega_n t)\left[\cosh\sqrt{\zeta^2-1}\omega_n t+\frac{\zeta}{\sqrt{\zeta^2-1}}\sinh\sqrt{\zeta^2-1}\omega_n t\right]$$

$$R(0)=A$$

$$f(t)=R(0)+R((-\zeta+\sqrt{\zeta^2-1})\omega_n)+R((-\zeta-\sqrt{\zeta^2-1})\omega_n)$$

$$=A\left((1-\exp(-\zeta\omega_n t)\left[\cosh\sqrt{\zeta^2-1}\omega_n t+\frac{\zeta}{\sqrt{\zeta^2-1}}\sinh\sqrt{\zeta^2-1}\omega_n t\right]\right)$$

$\zeta=1$ の場合，次の s の値のところに 2 位の極と 1 位の極ができる．

$s=\omega_n$，0

$$f(t)=R(0)+R_2(-\omega_n)$$

$$=A+\frac{d}{ds}\left[\frac{A\omega_n^2}{s}\exp(st)\right]_{s=-\omega_n}$$

$$=A-\frac{A\omega_n^2}{(-\omega_n)^2}\exp(-\omega_n t)-\frac{A\omega_n^2}{\omega_n}t\exp(-\omega_n t)$$

$$=A[1-(1+\omega_n t)\exp(-\omega_n t)]$$

$\zeta<1$ の場合は次の s のところに 1 位の極ができる．

$s=-\zeta\pm j\sqrt{1-\zeta^2}$，$s=0$

留数定理から，

$$f(t)=R((-\zeta+j\sqrt{1-\zeta^2})\omega_n)+R((-\zeta-j\sqrt{1-\zeta^2})\omega_n)+R(0)$$

$$=A+\frac{A}{2j\sqrt{1-\zeta^2}\cdot(-\zeta+j\sqrt{1-\zeta^2})}\exp(-\zeta+j\sqrt{1-\zeta^2})\omega_n t$$

$$-\frac{A}{2j\sqrt{1-\zeta^2}\cdot(-\zeta-j\sqrt{1-\zeta^2})}\exp(-\zeta-j\sqrt{1-\zeta^2})\omega_n t$$

$$=A-A\exp(-\zeta\omega_n t)\left[\cos\sqrt{1-\zeta^2}\omega_n t+\frac{\zeta}{\sqrt{1-\zeta^2}}\sin\sqrt{1-\zeta^2}\omega_n t\right]$$

$$=A-A\exp(-\zeta\omega_n t)\frac{1}{\sqrt{1-\zeta^2}}\left[\sin\varphi\cos\sqrt{1-\zeta^2}\omega_n t+\cos\varphi\sin\sqrt{1-\zeta^2}\omega_n t\right]$$

$$=A-A\exp(-\zeta\omega_n t)\frac{1}{\sqrt{1-\zeta^2}}\sin(\sqrt{1-\zeta^2}\omega_n t+\varphi)$$

$$\tan\varphi=\frac{\sqrt{1-\zeta^2}}{\zeta}$$

3. 式 (7-33) においてランプ入力の Laplace 変換は $\chi(s)=A/s^2$ である．以下簡単のために $A=1$ とする．
$\zeta=1$ の場合，式 (7-33) において $s=-\omega_n$，$s=0$ の 2 カ所に 2 位の極ができる．留数定理から，

$$f(t)=R_2(-\omega_n)+R_2(0)=\frac{d}{ds}\left[\frac{\omega_n^2\exp(st)}{(s+\omega_n)^2}\right]_{s=0}+\frac{d}{ds}\left[\frac{\omega_n^2\exp(st)}{s^2}\right]_{s=-\omega_n}$$

$$=\left[t\omega_n^2\exp(st)\frac{1}{(s+\omega_n)^2}\right]_{s=0}+\left[-2\omega_n^2\exp(st)\frac{1}{(s+\omega_n)^3}\right]_{s=0}$$

$$+\left[t\omega_n^2\exp(st)\frac{1}{s^2}\right]_{s=-\omega_n}+\left[-2\omega_n^2\exp(st)\frac{1}{s^3}\right]_{s=-\omega_n}$$

$$=t-\frac{2}{\omega_n}+t\exp(-\omega_n t)+\frac{2}{\omega_n}\exp(-\omega_n t)$$

4. $u=\omega/\omega_n$ とすると，Gain は $1/\sqrt{(1-u^2)^2+(2\zeta u)^2}$ である．横軸を ω/ω_n とし，Gain を縦軸とすると次の図のようになる．

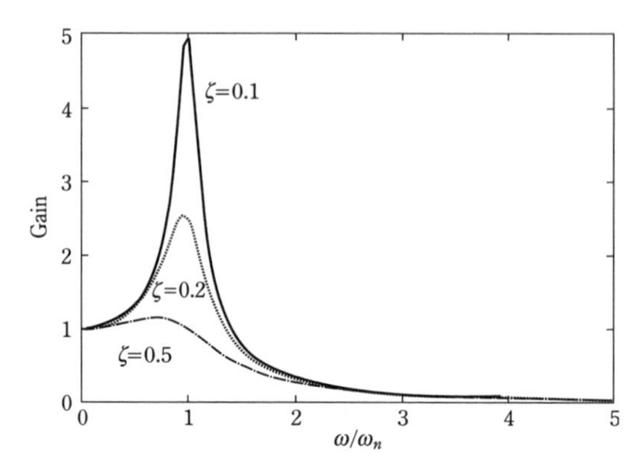

共振周波数はそれぞれについて，

ω/ω_n=0.99，0.96，0.71

Gain=5.02，2.55，1.41

5. 1次周波数応答の遅れ位相と周波数，$\tau\omega$, の関係は下図のようになる．

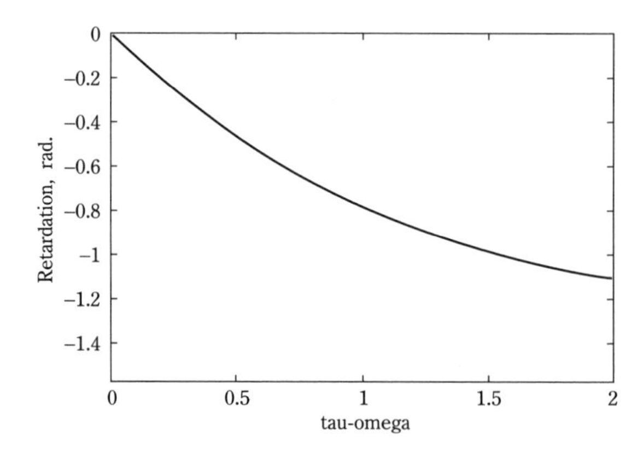

1次周波数応答の Gain と周波数の関係 (Bode 図) は下図のようになる.

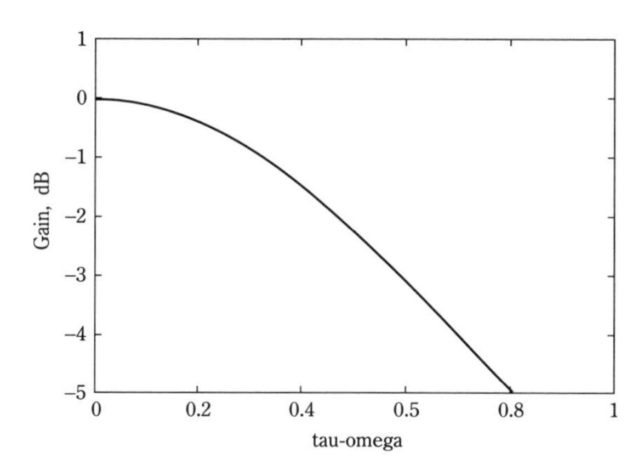

6. 1 $E_0 s = \left(Ls^2 + Rs + \frac{1}{C} \right) I(s)$

$$I(s) = \frac{E_0 s}{Ls^2 + Rs + \frac{1}{C}} = \frac{Ds}{s^2 + Bs + G}$$

$$B = \frac{R}{L}, \quad G = \frac{1}{LC}, \quad D = \frac{E_0}{L}$$

従って，この式の Laplace 逆変換で $i(t)$ を求めることになる．分母について3つの場合に分ける．

$B^2 - 4G$ が正の場合，0 の場合，負の場合に分けて考える．

[正の場合]

実数，$s_1 = \frac{-B + \sqrt{B^2 - 4G}}{2}$，$s_2 = \frac{-B - \sqrt{B^2 - 4G}}{2}$ に 1 位の極ができるので，

$$i(t) = \frac{s_1 D}{s_1 - s_2} \exp(s_1 t) + \frac{s_2 D}{s_2 - s_1} \exp(s_2 t)$$

[0 の場合]

$s = -B/2$ に 2 位の極ができるので，

$$i(t) = \lim_{s \to -B/2} \frac{d}{ds} \left[sD \exp(st) \right]_{s=-B/2} = D \exp\left(-\frac{B}{2} t \right) - \frac{B}{2} Dt \exp\left(-\frac{B}{2} t \right)$$

［負の場合］

虚数，$s_1 = \dfrac{-B + j\sqrt{4G - B^2}}{2}$，　$s_2 = \dfrac{-B - j\sqrt{4G - B^2}}{2}$ に１位の極ができるので，

$$i(t) = \frac{s_1 D}{s_1 - s_2}\exp(s_1 t) + \frac{s_2 D}{s_2 - s_1}\exp(s_2 t)$$

6.2 前問とほぼ同じような取り扱いになる．

$E_0 = (Ls^2 + Rs + \dfrac{1}{C})I(s)$ が解くべき方程式になる．前問と同様に，

$B = \dfrac{R}{L}$，　$G = \dfrac{1}{LC}$，　$D = \dfrac{E_0}{L}$　と置くと，$I(s) = \dfrac{D}{s^2 + Bs + G}$

$B^2 - 4G$ が正の場合，０の場合，負の場合に分けて考える．

［正の場合］

実数，$s_1 = \dfrac{-B + \sqrt{B^2 - 4G}}{2}$，　$s_2 = \dfrac{-B - \sqrt{B^2 - 4G}}{2}$ に１位の極ができるので，

$$i(t) = \frac{D}{s_1 - s_2}\exp(s_1 t) + \frac{D}{s_2 - s_1}\exp(s_2 t)$$

［0 の場合］

$s = -B/2$ に２位の極ができるので，

$$i(t) = \lim_{s \to -B/2} \frac{d}{ds}\left[D\exp(st)\right]_{s=-B/2} = Dt\exp\left(-\frac{B}{2}t\right)$$

［負の場合］

虚数，$s_1 = \dfrac{-B + j\sqrt{4G - B^2}}{2}$，　$s_2 = \dfrac{-B - j\sqrt{4G - B^2}}{2}$ に１位の極ができるので，

$$i(t) = \frac{D}{s_1 - s_2}\exp(s_1 t) + \frac{D}{s_2 - s_1}\exp(s_2 t)$$

7. 解くべき方程式は，

$$E(s)=\frac{A}{s^2+\omega^2}=\left(Ls^2+Rs+\frac{1}{C}\right)\frac{I(s)}{s}$$

$$I(s)=\frac{As}{(s^2+\omega^2)\left(Ls^2+Rs+\frac{1}{C}\right)}$$

$B=\frac{R}{L}$, $G=\frac{1}{LC}$, $D=\frac{A}{L}$ と置く.

B^2-4G が正の場合，0 の場合，負の場合に分けて考える.

［正の場合］

実数，$s_1=\frac{-B+\sqrt{B^2-4G}}{2}$，$s_2=\frac{-B-\sqrt{B^2-4G}}{2}$ と純虚数 $s_3=j\omega, s_4=-j\omega$

にそれぞれ 1 位の極ができるので，

$$i(t)=\frac{Ds_1}{(s_1^2+\omega^2)(s_1-s_2)}\exp(s_1t)+\frac{Ds_2}{(s_2^2+\omega^2)(s_2-s_1)}\exp(s_2t)$$

$$+\frac{D}{2(-\omega^2+jB\omega+G)}\exp(j\omega t)+\frac{D}{2(-\omega^2-jB\omega+G)}\exp(-j\omega t)$$

［0 の場合］

$s=-B/2$ に 2 位の極ができ，$s_3=j\omega$，$s_4=-j\omega$ に 1 位の極ができるので，

$$i(t)_{s=-B/2}=\lim_{s\to -B/2}\frac{d}{ds}\left\{\frac{Ds}{s^2+\omega^2}\exp(st)\right\}$$

$$=\left\{\frac{D}{s^2+\omega^2}\exp(st)-2s\frac{Ds}{(s^2+\omega^2)^2}\exp(st)+\frac{Dst}{s^2+\omega^2}\exp(st)\right\}_{s=-B/2}$$

$$=\frac{4D}{B^2+4\omega^2}\exp\left(-\frac{B}{2}t\right)+B\frac{8BD}{(B^2+4\omega^2)^2}\exp\left(-\frac{B}{2}t\right)-\frac{2DBt}{B^2+4\omega^2}\exp\left(-\frac{B}{2}t\right)$$

$$i(t)=i(t)_{s=-B/2}+\frac{jD\omega}{2j\omega(-\omega^2+jB\omega+G)}\exp(j\omega t)+\frac{jD\omega}{2j\omega(-\omega^2-jB\omega+G)}\exp(-j\omega t)$$

［負の場合］

$s_1=\dfrac{-B+j\sqrt{4G-B^2}}{2}$, $s_2=\dfrac{-B-j\sqrt{4G-B^2}}{2}$, $s_3=j\omega$, $s_4=-j\omega$ に 1 位の極ができるので，

$$i(t)=\frac{Ds_1}{(s_1^2+\omega^2)(s_1-s_2)}\exp(s_1t)+\frac{Ds_2}{(s_2^2+\omega^2)(s_2-s_1)}\exp(s_2t)$$
$$+\frac{D}{2(-\omega^2+jB\omega+G)}\exp(j\omega t)+\frac{D}{2(-\omega^2-jB\omega+G)}\exp(-j\omega t)$$

これらの 3 つの場合とも， $\exp(i\omega t)$, $\exp(-i\omega t)$の項がついていない過渡応答の項は長時間後には消えてしまうので，ボード図は過渡応答項以外の項だけで考えてよい．

結局，ボード図と位相項の計算は伝達関数 $G(s)=\dfrac{D}{s^2+Bs+G}$ を考慮すれば良いことになった．Gain と位相項は $G(j\omega)$ から求める．

判別式，B^2-4G，が正，0，負の場合について，次の定数を仮定する．

正の場合，$B=3$, $G=1$, $D=1$

0 の場合，$B=2$, $G=1$, $D=1$

負の場合，$B=1$, $G=1$, $D=1$

Gain を dB 単位で図示すると次のようになる．

負の場合に共振現象が現れている．

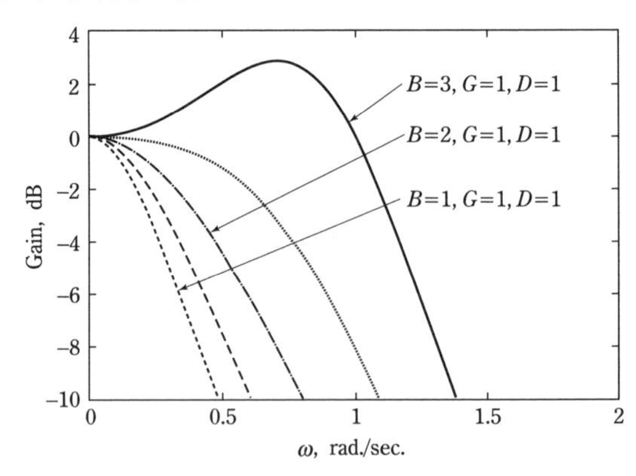

位相項(retardation)は次のようになる．

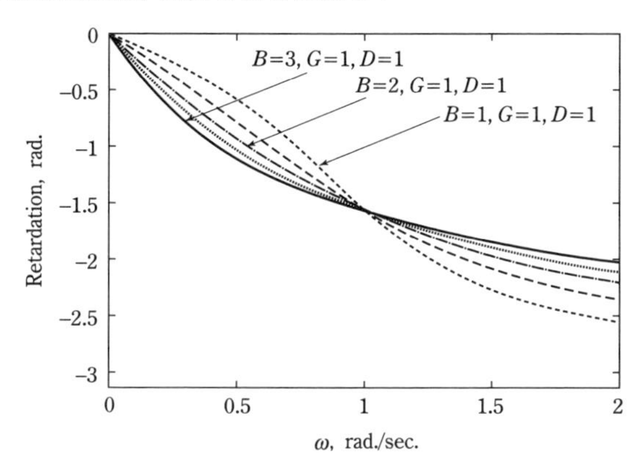

8. 伝達関数はςの値に関わらず，

$$g(\omega)=\frac{A}{\sqrt{(1-u^2)^2+(2\varsigma u)^2}}\sin(\omega t+\varphi),\quad u=\frac{\omega}{\omega_n},\quad \varphi=-\tan^{-1}\left(\frac{2\varsigma u}{1-u^2}\right)$$

従って，Gainは伝達関数の絶対値，位相項はφから計算できる．

$A=1$として，描いたボード図が図7-9である．

9. $L=0$とすると，解くべき方程式は次のようになる．

$$E(s)=\frac{A}{s^2+\omega^2}=\left(Rs+\frac{1}{C}\right)\frac{I(s)}{s}$$

$$I(s)=\frac{A}{s^2+\omega^2}\frac{s}{Rs+\dfrac{1}{C}}$$

この場合，$s=-\dfrac{1}{RC},\pm j\omega$に1位の極がある．従って，

$$i(t)=-\frac{A}{RC\left(\left(\dfrac{1}{RC}\right)^2+\omega^2\right)}\exp\left(-\frac{t}{RC}\right)+\frac{A}{2j\omega}\frac{j\omega}{jR\omega+\dfrac{1}{C}}\exp(j\omega t)+\frac{A}{-2j\omega}\frac{-j\omega}{-jR\omega+\dfrac{1}{C}}\exp(-j\omega t)$$

$$=-\frac{A}{RC\left(\left(\dfrac{1}{RC}\right)^2+\omega^2\right)}\exp\left(-\frac{t}{RC}\right)+\frac{A}{2\left(jR\omega+\dfrac{1}{C}\right)}\exp(j\omega t)+\frac{A}{2\left(-jR\omega+\dfrac{1}{C}\right)}\exp(-j\omega t)$$

第 1 項が過渡応答項であり，残りの項が周波数応答になる．1 次応答になっていることがわかる．すなわち伝達関数 $G(s)=\dfrac{A}{Rs+\dfrac{1}{C}}$ を考えればよい．

$G(j\omega)$ から Gain と位相項を計算する．

$A=1,\ 1/C=1$ と置いて，$R=0.5,\ 1.0,\ 2.0,\ 5.0$ の場合の Gain の ω 依存性を図示する．

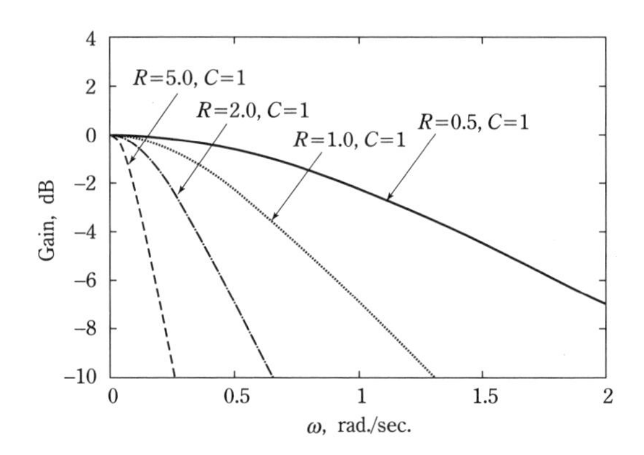

位相項は次のようになる．

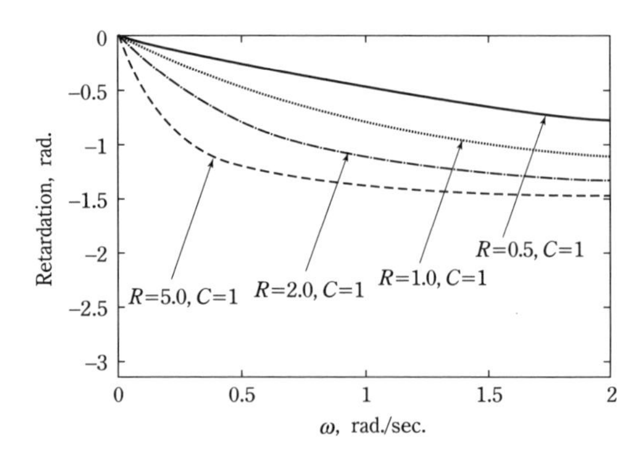

10. ベクトル線図は下のようになる．

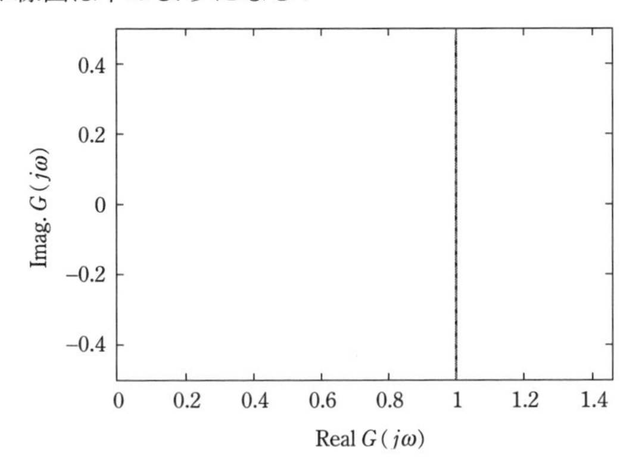

①②の両方の場合ともに $G(j\omega)$ の実数成分は周波数によらず K_{p} であるが，$T_{\mathrm{D}}T_{\mathrm{I}}=1.0$ の場合を除き周波数が有限の値になると虚数成分が大きくなるので Gain が K_{p} 以上になって動作が安定しない．$T_{\mathrm{D}}T_{\mathrm{I}}=1.0$ が成立すると周波数依存性がなくなるので，制御が安定する．

11. $H(s)=0.5\,Ls$ の場合，

$$G'(s)=\frac{G}{1+GH}=\frac{\frac{1}{s}\left(Ls^2+Rs+\frac{1}{C}\right)}{1+0.5L\left(Ls^2+Rs+\frac{1}{C}\right)}$$

$H(s)=0.5\,R$ の場合，

$$G''(s)=\frac{\frac{1}{s}\left(Ls^2+Rs+\frac{1}{C}\right)}{1+\frac{0.5R}{s}\left(Ls^2+Rs+\frac{1}{C}\right)}$$

$H(s)=\dfrac{0.5}{Cs}$ の場合，

$$G'''(s)=\frac{\frac{1}{s}\left(Ls^2+Rs+\frac{1}{C}\right)}{1+\frac{0.5}{Cs^2}\left(Ls^2+Rs+\frac{1}{C}\right)}$$

12. $L=1$，$B=R/L$，$G=1/LC$ とすると伝達関数が単純になる．伝達関数を判別式 B^2-4G が 0 よりも“大きい”,“同じ”,“小さい”の 3 つの場合に分けて考

える．つまり，次の 3 種類の場合についてベクトル線図を求める．

$L=1,\quad B=3,\quad G=1$

$L=1,\quad B=2,\quad G=1$

$L=1,\quad B=1,\quad G=1$

$H(s)=0.5\,Ls$ の場合

この系では周波数が小さい領域で伝達関数の絶対値が大きいので発振しやすい．周波数が大きくなると {0, –1} 付近に収束する．

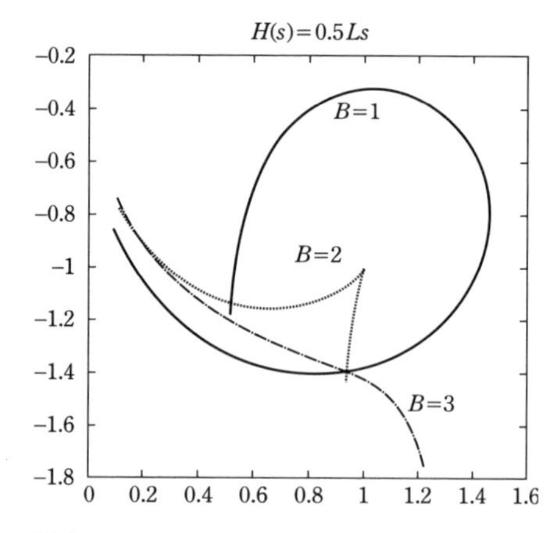

$H(s)=0.5\,R$ の場合

この系では伝達関数の絶対値が小さく，B の大きい範囲では利得が小さい．

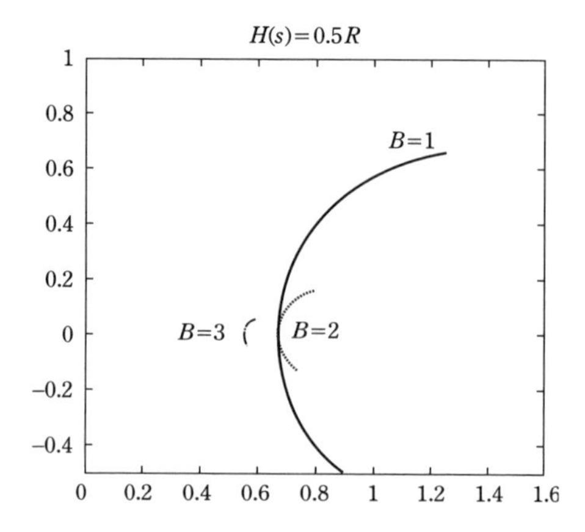

$H(s)=0.5/Cs$ の場合

この場合も伝達関数の絶対値が小さい．B の値によらず高周波領域では伝達関数が発散傾向にあるので，動作が不安定化する．

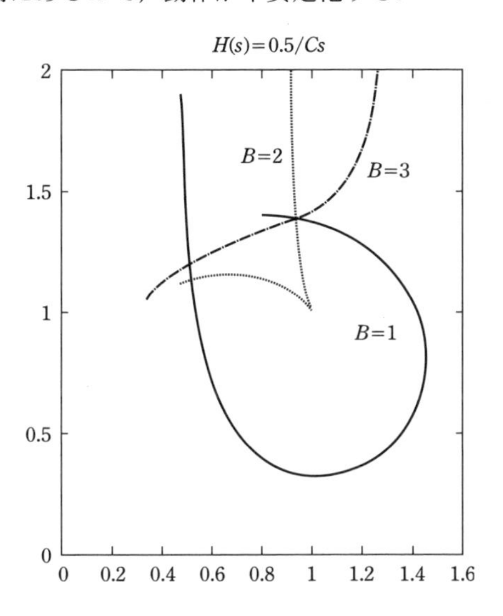

13. 0.5/Gain ((a) 図) と位相項 ((b) 図，rad. 単位) ただし，$\omega_n=1$ とした．

(a)

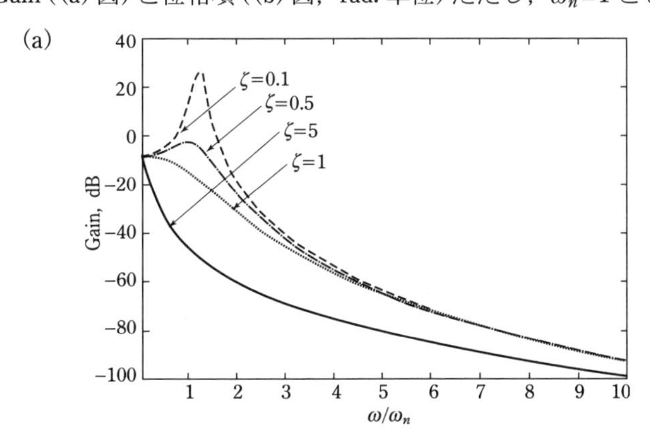

(b)

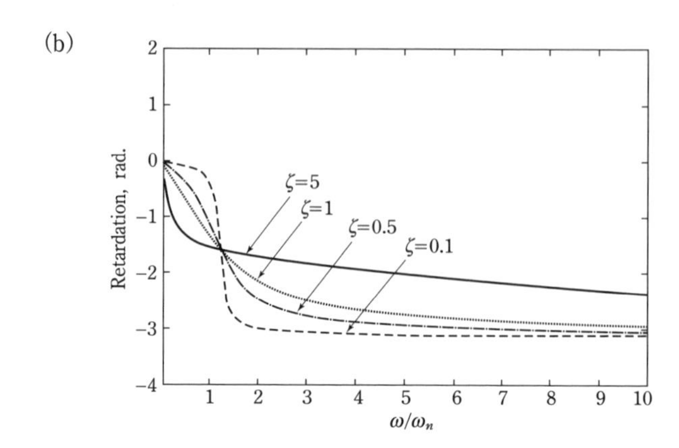

14. Gain ((a) 図) と位相項 ((b), rad. 単位)

(a)

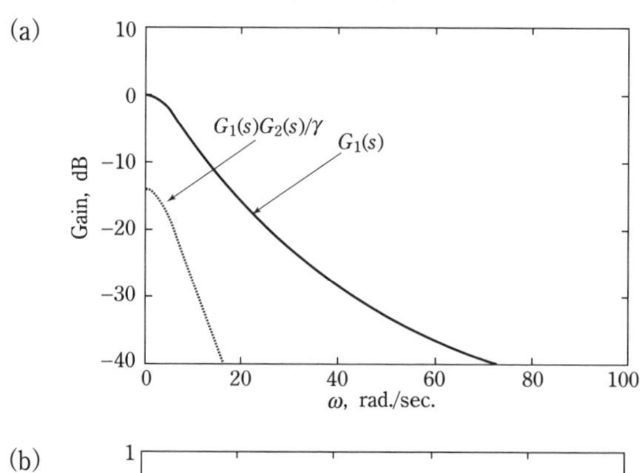

(b)

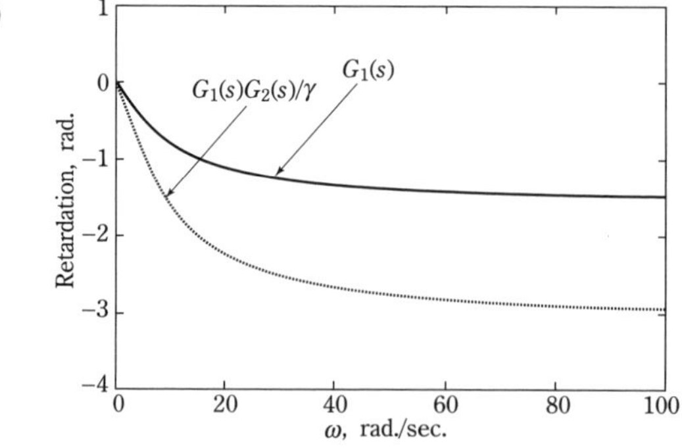

伝達関数 $G_1(s)G_2(s)/v$ の Gain が $G_1(s)$ の Gain に比べ，高周波数領域でかなり小さくなる．これは水槽の段数を増すごとに高周波成分が消えやすくなる

ことを意味している.

15. $$D=\det[G(s)]=\left[(1+T_1s)(1+T_2s)+R_1C_2s\right]\left[R_2C_1s+1\right]$$
$$-\left[R_2(1+Ts)+R_1\right]\left[C_1s(1+T_2s)+C_2s\right]$$

$$G_{ij}=\frac{1}{D}\begin{bmatrix} R_2C_1s+1 & -C_1s(1+T_2s)-C_2s \\ -R_2(1+T_1s)-R_1 & (1+T_1s)(1+T_2s)+R_1C_2s \end{bmatrix}$$

索　引

著者略歴

梶谷　剛（かじたに　つよし）

1975　東北大学大学院博士課程退学，同年 学振奨励研究員

1976　イリノイ大学博士研究員

1978　アルゴンヌ国立研究所客員研究員

1980　東北大学金属材料研究所助手

1990　同所助教授

1993　東北大学工学部教授

2012　東北大学名誉教授

専門：熱電半導体，超伝導体，金属水素化合物，X線回折，中性子回折・散乱.

学位：1980 工学博士（東北大学）

著書

講座・現代の金属学　材料編　第1巻「材料の構造と物性」，金属学会，(1994)，共著

「放射光科学入門」，東北大学出版会，(2004)，共著

専門基礎ライブラリー「電磁気学」，実教出版，(2007)，共著

“Characterization of Technological Materials”, Materials Science Forum, (2010)，共著

「未利用熱エネルギー活用の新開発と［採算性を重視した］熱省エネ新素材・新製品設計／採用のポイント」，技術情報協会，(2014)，共著

その他

応用物理計測学（おうようぶつりけいそくがく）

2017年4月30日　初版第1刷発行

著　　者　梶谷　剛©

発 行 者　青木　豊松

発 行 所　株式会社 アグネ技術センター

〒107-0062 東京都港区南青山 5-1-25 北村ビル

TEL 03 (3409) 5329 / FAX 03 (3409) 8237

印刷・製本　株式会社 平河工業社

Printed in Japan, 2017

落丁本・乱丁本はお取り替えいたします.
定価の表示は表紙カバーにしてあります.

ISBN 978-4-901496-86-5 C3053